AF535425

WECHSELSTRÖME DES GEISTES

MANFRED GEIER

WECHSELSTRÖME DES GEISTES

Die Visionen des genialen Erfinders Nikola Tesla

»Die kühnsten Träume sind übertroffen worden und die verblüffte Welt fragt sich: Was kommt als nächstes?«

Nikola Tesla

Am 18. Mai 1917 wurde Nikola Tesla die Edison-Medaille des American Institute of Electrical Engineers (AIEE) verliehen. Der Vizepräsident des AIEE und führende Fachmann auf dem Gebiet der Elektrotechnik Bernard A. Behrend hielt die Preisrede. Er war sich sicher: »Wenn wir aus der industriellen Welt die Ergebnisse von Mr. Teslas Arbeiten entfernen würden, dann würden sich die Räder der Wirtschaft aufhören zu drehen, unsere elektrischen Züge und Autos würden stehen, unsere Städte wären dunkel und unsere Fabriken tot und verlassen. Sein Werk ist so weitreichend, dass es zum A und O der Industrie geworden ist.«

Nikola Tesla hatte Anerkennung gefunden für seine Erfindungen und Forschungen, vor allem zum erfolgreichen Wechselstromsystem. Aber man war auch neugierig auf seine kühnen Ideen zur Energiegewinnung und -versorgung, die er bereits in einem Vortrag am 20. Mai 1891 vor dem AIEE über »Versuche mit Wechselströmen sehr hoher Frequenz« skizziert hatte. Als das höchste Ziel des menschlichen Geistes hatte er bestimmt, den großen, allumfassenden Mechanismus der Natur zu begreifen und die kosmischen Kräfte zu entdecken, die dabei gesetzmäßig am Werk sind.

Er war davon überzeugt, dass es überall im Universum Energie gibt und dass es der Menschheit gelingen werde, sich und ihre Maschinen kostenlos an das kosmische Getriebe anzuschließen. Freie Energie für alle. Am Ende dieser Rede im Mai 1891 eröffnete er den Zuhörern seinen visionären Ausblick: »Wir rasen mit unvorstellbarer Geschwindigkeit durch den endlosen Raum, alles um uns herum dreht sich, alles bewegt sich und überall ist Energie vorhanden. Es muss irgendeinen Weg geben, auf dem wir diese Energie auf eine direktere Weise nutzen können. Mit dem Licht, das aus dem Äther erhalten wird, mit der Energie, die aus ihm gewonnen wird, mit jeder Form von Energie, die ohne Anstrengung aus diesem unerschöpflichen Vorrat erhalten werden kann, wird die Menschheit dann mit Riesenschritten vorwärts schreiten. Der bloße Gedanke an diese großartigen Aussichten erweitert unseren geistigen Horizont, verstärkt unsere Hoffnungen und erfüllt unsere Herzen mit erhabener Freude.«

Es hat den Anschein, als habe das technisch Erhabene in Teslas Leben und Werk seine exorbitante Gestalt gefunden, als sei er aus einer anderen Welt zu uns gekommen. Sein »Welt-System«, das er theoretisch entwarf und experimentell erforschte, spiegelte sich in seinem eigenen In-der-Welt-Sein, das durch kosmische Kräfte angetrieben wurde und am Übermaß von strahlendem Licht und ätherischer Energie zu zerspringen drohte.

Aber wer weiß heute noch, wer Tesla wirklich war und was er tat? Sicher, er hat Spuren hinterlassen. Es gibt den *Tesla-Transformator*, bei dem durch elektromagnetische Induktion zwischen Primär- und Sekundärspule *Teslaströme* von sehr hoher Spannung und Frequenz erzeugt werden können, die sich am Spulen-Terminal in zauberhaften Blitzen entladen.

Für eine medizinische Hochfrequenztherapie, die Hautreizung, Muskelkontraktion und Wärmeentwicklung als heilsame Mittel provozieren soll, wird der *Tesla-Stab* eingesetzt. Physikalisch wird die Maßeinheit *Tesla* ($1\ T = 1\ V \cdot 1\ s \cdot 1\ m^{-2}$) zur internationalen Bestimmung der magnetischen Flussdichte benutzt. Es gibt Patente und Modelle von *Tesla-Pumpen* (Fluid Propulsion) und *Tesla-Turbinen*, die aus Scheibenkonstruktionen bestehen und strömende Flüssigkeiten in mechanische Energie transformieren. Am Deutschen Elektronen-Synchrotron in Hamburg wird am Strahlenprojekt *DESY-TESLA* gearbeitet. Und wie ein Wiedergänger Teslas inszeniert sich Elon Musk, der neben dem Raumfahrtunternehmen *SpaceX* und der Solarenergiefirma *Solar City* den Elektroautohersteller *Tesla* an die Spitze technologischer Großunternehmen bringen will. Auf seiner Tesla-Entwicklungslinie liegt auch das 2016 gegründete Computer-Gehirn-Projekt *Neuralink*, mit dem Musk es möglich machen will, menschliche Gedanken und Gefühle als neurologische Signale maschinell zu lesen und zu senden.

Doch Nikola Tesla selbst blieb stets eine eher zwielichtige Randfigur der Wissenschaftsgeschichte. Er findet bis heute durchaus Bewunderer, Biografen und Propagandisten, die ihn für den genialsten Erfinder aller Zeiten halten, der uns den Weg in eine leuchtende Zukunft zeigen könne. Sie umhüllen ihn mit einer koronalen Aura, die ins Übermenschliche ausstrahlt. Dagegen steht jedoch das Bild eines überspannten Fantasten, der mit allen seinen hochtrabenden Projekten gescheitert ist. Man weiß nicht recht, was man von diesem obskuren Individuum und seinen Arbeiten halten soll. Waren viele seiner Visionen nur Halluzinationen, ist Tesla durch die Strahlen-, Energie- und Hochfrequenzexperimente, die er am eigenen Körper durchführte, selbst verstrahlt worden? Kein Wunder, dass Tesla auch als Kunstfigur und Zauberer im technischen Zeitalter (filmisch und literarisch) inszeniert wurde.

Sich selbst hat Tesla als eine Mensch-Maschine charakterisiert, die ihre eigene Funktionsweise durchschauen konnte: »Im Laufe der Zeit wurde mir vollkommen klar, dass ich nur ein *Automat* war, der mit der Fähigkeit zur Bewegung ausgestattet war und der auf die Reize der Sinnesorgane reagierte und entsprechend handelte und dachte.« Er begriff sich als eine reizbare Junggesellenmaschine, die als autonome Energieeinheit arbeitete. Deshalb hielt er sich am liebsten in technischen Versuchsanstalten auf, wo seine libidinösen Antriebskräfte Apparate zum Laufen bringen konnten, die er für seine Zwecke erfunden hatte und mit der Welt kurzschloss. Das erhellt, warum er niemals einen anderen Menschen sexuell berührte oder begehrte. Auch seine späte intime Beziehung zu dem jungen Homosexuellen Kenneth M. Swezey, der ab 1925 als Geheimagent des US-amerikanischen Military Intelligence Service (MIS) das Vertrauen des alten Nikola Tesla erschlichen hatte, um aus erster Hand über dessen waffentechnologische Erfindungen informiert zu werden, blieb platonisch kontrolliert. Am liebsten waren Tesla seine Tauben, um die er sich fürsorglich kümmerte, die ihn jedoch nicht von seinen zölibatären, durch Elektrisierung und Blitzstrahl provozierten Junggesellenschöpfungen abzulenken drohten.

Die Wechselströme seines Geistes, zwischen elektrotechnischen Forschungen und visionären Fantasien, lassen sich nicht eindimensional auflösen. An dieser Eigenart Nikola Teslas ist das vorliegende Projekt orientiert. Stilistisch ist es eine wissenschaftlich-fiktional-literarische Hybridform, die den offenen Spielraum nutzt zwischen sorgfältig recherchierten Tatsachen, die der Fall waren, und denkbaren Sachverhalten, die in möglichen Welten bestehen, aber nicht verwirklicht worden sind.

1. WAS SIE SCHON IMMER ÜBER TESLA WISSEN WOLLTEN

»Als erstes ist hier der herrliche Anblick außergewöhnlicher Blitzentladungen zu erwähnen.«
Nikola Tesla

Um Mitternacht, zwischen dem 9. und dem 10. Juli 1856, wurde Nikola Tesla geboren, sodass er also keinen richtigen Geburtstag hatte und später auch darauf verzichtete, einen solchen zu feiern. Sein Geburtshaus war ein altes Gebäude neben einer Kirche, dahinter ein Friedhof, in dem kleinen kroatisch-slawonischen Bergdorf Smiljan, das aus etwa vierzig weit voneinander getrennt liegenden Höfen bestand und damals zur österreichisch-ungarischen Provinz Lika gehörte. In den Bergen lebten noch Wölfe und Bären. Es war eine wilde Gegend, in der sich Teslas serbischer Vater Milutin als orthodoxer Priester um das Seelenheil seiner wenigen Schäfchen kümmerte. Ein gelehrter Mann, der sich für Naturphilosophie, Musik und Dichtung interessierte. Die Mutter Djuka dagegen konnte nicht lesen. Dafür besaß sie ein hervorragendes Gedächtnis und war äußerst geschickt und erfinderisch im praktischen Umgang mit den Dingen des täglichen Lebens.

In der dunkelschwarzen Nacht von Nikolas Geburt zog ein gewaltiges Unwetter über das einsam am Waldrand gelegene Pfarrhaus. Am mitternächtlichen Himmel schienen

Blitze den Neugeborenen zu begrüßen, als ob sie ihn auf sich prägen wollten.

Ein frühkindliches Schlüsselerlebnis ereignete sich, als Nikola drei Jahre alt war. Es war ein äußerst kalter und trockener Winterabend, und die Dämmerung war bereits hereingebrochen, als der kleine Junge seinen geliebten Kater Mačak streichelte. Sein Rücken sah wie eine leuchtende Fläche aus, und als seine Hand über das Fell fuhr, erzeugte sie einen Funkenschauer, dessen Knistern so laut war, dass es alle in der näheren Umgebung hören konnten. Sein Vater wusste dieses erstaunliche Phänomen zu erklären – »Das ist nichts anderes als Elektrizität, wie du sie auch bei Blitzen siehst« –, während die Mutter aus Angst vor einem drohenden Feuer darum bat, nicht mehr mit der Katze zu spielen. Der Dreijährige aber will schon gefragt haben: »Ist die Natur vielleicht eine riesige Katze? Und wenn das so ist, wer streichelt ihr dann den Rücken?« Sein Leben lang hat Tesla sich an diesen wundervollen Anblick seiner leuchtenden Katze erinnert, der seine kindliche Fantasie entzündete und ihn seine große Lebensfrage stellen ließ: Was ist Elektrizität?

Als Nikola sechs Jahre alt war, zog die Familie in die Stadt Gospić um, wo Tesla zunächst die Volksschule, dann das Gymnasium besuchte. 1871 wechselte er auf das höhere Gymnasium in Karlovac (Karlstadt). Zwei Jahre später erhielt er sein Reifezeugnis, über das er sich jedoch nicht freuen konnte. Denn seine Eltern wollten, dass er Priester wird, wie sein Vater, während er selbst sich lebhaft für Naturwissenschaften und Elektrotechnik interessierte. Mit Grauen sah er in die Zukunft bei der Vorstellung, den Wunsch seiner Eltern erfüllen zu müssen.

An diesem schicksalhaften Scheidepunkt seines Lebens erkrankte Tesla an Cholera, lag neun Monate kraftlos im Bett und war am Ende so erschöpft, dass die Ärzte ihn aufgaben und ein Sarg für ihn bestellt wurde. Doch er wollte leben, schließlich gab es noch so viel über die Natur zu erfahren! Sein Vater versuchte ihn aufzuheitern. »Du wirst wieder gesund werden.« – »Vielleicht«, antwortete der Sohn, um nach einer kurzen Pause fortzufahren, »wenn du mich Elektrotechnik studieren lässt.« – »Das werde ich ganz bestimmt«, versicherte der Vater. »Du wirst das beste Polytechnikum in Europa besuchen.« Alle waren erstaunt, dass sich der Todkranke erholte und wie Lazarus von den Toten wieder ins Leben zurückkehrte.

1875 begann Nikola Tesla das Studium der Elektrotechnik am Polytechnikum in Graz in der Steiermark, einige Jahre später wechselte er auf die Universität in Prag. Nach Abschluss seiner Studien fand er 1881 eine Anstellung als Technischer Leiter einer modernen Telefonzentrale in Budapest, begeistert über die Erfindung des Telefons, das in einer ersten Welle aus Amerika nach Europa gelangt war und in Ungarn als System installiert werden sollte. Doch sein überschwänglicher Enthusiasmus wurde bald durch eine neuerliche schwere Krankheit gedämpft. Tesla erlitt einen vollkommenen Nervenzusammenbruch, der ihn fremdartige und unglaubliche Dinge erleben ließ, die alle Vorstellungen übertrafen. Seine fünf Sinne waren extrem gesteigert. Eine Fliege, die sich auf dem Küchentisch niederließ, erschütterte sein Gehör. Ständig bebte der Boden unter seinen Füßen. »Periodisch unterbrochenes Sonnenlicht verursachte Schläge von solcher Wucht auf mein Gehirn, dass sie mich fast betäubten.« Seine Nerven waren aufs Äußerste gereizt, was er dem Einfluss von Strahlen zuschrieb. Wenn er unter einem Bauwerk hindurchging, verspürte er einen gewaltigen Druck auf seiner Wirbelsäule, und oft zitterten und bebten alle Fasern seines Körpers so sehr, dass er es kaum ertragen konnte. Tesla fühlte sich wie ein hoffnungslos verlorenes Wrack.

Wieder rettete ihn sein starker Lebenswille. Die Cholera hatte ihm letztlich das Studium der Elektrotechnik ermöglicht. Sein Nervenzusammenbruch mündete 1882 in einer genialen Erfindung. Im Februar dieses denkwürdigen Jahres kam ihm während eines Spaziergangs im Stadtpark von Budapest blitzartig der Gedanke an einen völlig neuen Motortyp. Als Tesla die Sonne untergehen sah, von der er wusste, dass sie am nächsten Morgen wiederkehren würde, stellte er sich einen Motor vor, der für seine Umdrehungen ein »rotierendes Magnetfeld« ausnutzt und durch einen phasenverschobenen Wechselstrom angetrieben wird. Das war die erste maschinelle Inspiration Nikola Teslas, die sich ihm wie in einer Offenbarung vor seinem geistigen Auge gezeigt hatte. Schon lange war Archimedes sein Vorbild. Doch erst jetzt wusste er, dass er selbst tatsächlich das war, was er sein wollte: ein Erfinder.

Als das Telefonunternehmen in Budapest aufgegeben wurde, bot man Tesla eine Stellung in Paris an, die er gern annahm. Er wurde Mitarbeiter bei der Continental Edison Company in der Hauptstadt des 19. Jahrhunderts, deren Zauber einen unvergesslichen Eindruck auf seinen Geist ausübte. Anfang 1883 ging er dann für ein Jahr nach Straßburg, um an der Reparatur eines defekten Kraftwerks mitzuarbeiten. Nicht nur damit hatte er Erfolg. Er konnte auch seine Erfindung des mehrphasigen Wechselstrommotors praktisch umsetzen, der genau so funktionierte, wie er es ein Jahr zuvor konzipiert hatte.

Um für seine Arbeit als Erfinder das nötige Geld beschaffen zu können, ging Tesla im Sommer 1884 nach Amerika. Am 6. Juni kam er in New York an, mit nur vier Cent und einigen technischen Aufsätzen und mathematischen Berechnungen in der Tasche, dazu noch ein Empfehlungsschreiben des Leiters der Pariser Continental Edison Company an Thomas Alva Edison, in dem es hieß: »Ich kenne zwei bedeutende Männer. Einer davon bist du – der andere dieser junge Mann hier.«

Edison stellte Tesla in seiner New Yorker Maschinenfabrik ein, wo dieser aufgrund seiner außergewöhnlichen technischen Begabung schnell in der Hierarchie der Edison-Mitarbeiter aufstieg. Als Tesla Edison in Aussicht stellte, die Leistungskraft seiner Generatoren wesentlich verbessern zu können, war Edison begeistert und versprach: »Wenn Sie das wirklich schaffen, könnten dabei glatt 50.000 Dollar für Sie rausspringen.« Derart angespornt machte sich Tesla umgehend ans Werk – mit Erfolg: Die neuen Maschinen erfüllten alle Erwartungen. Doch als er um seinen versprochenen Lohn bat, entgegnete Edison nur lapidar: »Tesla, ich sehe schon, dass Sie unseren amerikanischen Humor noch nicht so recht verstehen.« Tesla fühlte sich betrogen und kündigte auf der Stelle.

Ab dem Frühjahr 1885 versuchte Tesla nun als selbstständiger Unternehmer seine Erfindungen zu Geld zu machen. Er gründete eigene Unternehmen unter seinem Namen und meldete mehrere Patente für sein neues Mehrphasen-Wechselstromsystem an. Schwung in die Sache kam, als er 1886 den Unternehmer George Westinghouse kennenlernte, dessen gewaltige Energie und Erfindungskraft ihn faszinierten. Das war ein Mann mit Visionen, ein Gigant, der in den großen industriellen Kämpfen nie seinen Mut verlor! Wenn andere verzweifelt aufgaben, triumphierte er. Westinghouse schuf neue Industriezweige, trieb den Maschinenbau und die Elektrotechnik voran und war offen für Erfindungen, die das moderne Leben erleichterten. Er erkannte schnell, wozu Tesla in der Lage war. Teslas Wechselstromsystem, so sah es Westinghouse, gehörte die Zukunft. Und so kam es in den folgenden Jahren zu einer erfolgreichen Zusammenarbeit zwischen dem serbischen Erfinder und dem amerikanischen Großindustriellen, der in Pittsburgh die Westinghouse Electric Company leitete. Eine Million Dollar in bar und pro Pferdestärke einen Dollar Gewinnbeteiligung bot Westinghouse Tesla für seine Wechselstrompatente an. Tesla sagte zu und war auf einen Schlag ein reicher Mann.

Edison hingegen gefiel die Kooperation Westinghouse-Tesla überhaupt nicht. Denn seine Edison General Electric Company war auf die Verwendung von Gleichstrom niederer Spannung festgelegt, dessen Übertragung wesentlich mehr kostete und technisch aufwendiger war als die Verteilung von Wechselstrom hoher Spannung. Teslas Erfindungen bedrohten Edisons Unternehmen; und Teslas begeistert aufgenommener Vortrag, den dieser am 16. Mai 1888 in New York vor dem AIEE, dem Amerikanischen Institut der Elektroingenieure, über »Ein neues System von Wechselstrommotoren und Transformatoren« hielt, musste ihm als ungeheure Herausforderung erscheinen. Daher begann Edison den »AC/DC-Stromkrieg«, in dem er sein eigenes Gleichstromsystem (DC, *Direct Current*) gegen das Wechselstromsystem (AC, *Alternating Current*) seiner Gegner Westinghouse und Tesla zu behaupten versuchte. Propagandistisch warnte er vor der lebensgefährlichen Energie des

Wechselstroms, und demonstrativ ließ er zahlreiche Hunde und Katzen mithilfe von Wechselstrom töten. Schließlich kam er sogar noch auf die perverse Idee, die *electrocution*, die Exekution mittels Elektrizität, als moderne technische Tötungsart zu empfehlen – was tatsächlich auf offene Ohren stieß. Am 6. August 1890 wurde William Kemmler das erste Opfer auf dem elektrischen Stuhl, hingerichtet mit Strom aus einer Westinghouse-Wechselstrommaschine, geröstet bei lebendigem Leib.

Doch alle Versuche Edisons, dem Wechselstrom ein negatives Image zu verpassen, scheiterten letztlich, der Erfolg des Wechselstromsystems war nicht mehr aufzuhalten. Zu Beginn der 1890er-Jahre gehörte Nikola Tesla zu den populärsten Helden seiner Zeit.

Tesla war nun auf dem Höhepunkt seines Ruhms: ein Prophet des künstlichen Lichts, das auf das Auge, Sinnesorgan für die Wahrnehmung der Schönheit dieser Welt, seinen zauberhaften Reiz ausübte. Nur finanziell sprang für ihn nicht allzu viel heraus. Denn im Wettbewerb mit seinem Konkurrenten Edison, dessen Elektrizitätsunternehmen sich mit der Thomson-Houston Company zur General Electric Company zusammengeschlossen hatte, war Westinghouse finanziell in die Bredouille geraten. Den Vertrag, der Tesla prozentual am Stromverkauf beteiligte, konnte er nicht erfüllen, ohne sein Unternehmen zu gefährden. Großzügig zerriss Tesla den Vertrag, um die Westinghouse Electric and Manufacturing Company zu retten, in der seine Erfindungen weiterentwickelt werden sollten. Er hätte zu einem der reichsten Männer Amerikas werden können!

Doch Geld scheint ihm nicht das Wichtigste gewesen zu sein. Was bedeutete es schon, wenn es um die Beantwortung der großen Fragen ging: Was ist Licht? Was ist Elektrizität? Zumal Tesla, seit dem 30. Juli 1891 US-amerikanischer Staatsbürger, reichlich Anerkennung fand und als größte Autorität auf diesem Gebiet bewundert wurde. Wie ein Magier trat er in zahlreichen Vorträgen vor sein staunendes Publikum, das ihn als Meister der Elektrizität verehrte. In New York berichtete er 1891 über seine »Versuche mit Wechselströmen sehr hoher Frequenz und deren Anwendung auf Methoden der künstlichen Beleuchtung«, bei deren praktischer Vorführung er faszinierende Lichtphänomene durch Hochspannungsentladungen erzeugte. 1892 ließ er in London seine »Tesla-Spule« wundervolle Lichterscheinungen vor den Augen seiner begeisterten Zuschauer und Zuhörer herstellen: dünne bläuliche Fäden, weiße flammende Bögen, Büschelentladungen und funkelnd-sprühenden Funkenregen. Sogar seinen eigenen Körper brachte er zum Leuchten, hüllte ihn in einen Flammenmantel ein, gespeist aus den Hochfrequenzwechselströmen seiner Transformatoren, die ihm augenscheinlich nichts anhaben konnten. 1893 wurden seine elektrischen Vorführungen in Paris, Philadelphia und St. Louis bejubelt.

Die größten Publikumserfolge konnte Nikola Tesla 1893 feiern, als die Westinghouse Company den Zuschlag erhielt, die gesamte Strom- und Lichtversorgung der Kolumbus-Weltausstellung in Chicago zu organisieren, diese Orgie des Lichts, in deren künstlich erleuchteten Palästen sich die erhabene Größe der Elektrizität strahlend zeigen und Teslas neue Maschinen effektvoll ausgestellt werden konnten; und 1894, als Teslas Mehrphasen-Wechselstromsystem beim hydroelektrischen Kraftwerk an den Niagarafällen zum Einsatz kam, das ganz Buffalo mit elektrischem Strom versorgen konnte.

Der Siegeszug der Elektrotechnik zur Nutzung von Energie schien vollendet. Tesla wurde anerkannt als Visionär einer Energiepolitik, deren weitreichende Perspektive er auf einer Gedenkfeier zur Einführung elektrischer Energie aus den Niagarafällen mit folgenden Worten umriss: »Wir müssen Mittel entwickeln, um Energie aus unerschöpflichen Quellen zu gewinnen, und Methoden finden, die nicht mit dem Verbrauch von irgendwelchen Materialien verbunden sind. Auf die großen Möglichkeiten, auf die großen Probleme, deren praktische Lösung so viel für die Menschheit bedeutet, habe ich seit Jahren meine Bemühungen gerichtet, und einige glückliche Einfälle, die ich hatte, haben mich dazu veranlasst, diese schwierige Aufgabe in Angriff zu nehmen, und sie haben mir Kraft und Mut gegeben.«

Kraft und Mut benötigte er auch weiterhin, denn die Phase des rauschhaften Erfolgs währte nur kurz. Das Unglück geschah am frühen Morgen des 13. März 1895. In seinem New Yorker Laboratorium, 35 South Fifth Avenue (heute: West Broadway) brach ein Feuer aus, als Tesla mit seinen Motoren und Transformatoren experimentierte. Das gesamte Haus wurde schwer beschädigt. Teslas Geräte, in die er den Großteil seines Vermögens investiert hatte, wurden vollkommen zerstört. Eine Versicherung hatte er nicht. Der Verlust war total, sein gesamtes bisheriges Lebenswerk, sämtliche Papiere, Aufzeichnungen und Arbeiten: vernichtet. Tesla jedoch gab sich nicht lange der Verzweiflung hin, sein ruheloser Forschergeist wandte sich alsbald neuen technischen Herausforderungen zu.

Die weltweite Nachrichtenübertragung auf kabellosem Wege war seine nächste selbstgestellte Aufgabe, wobei er auch gute Chancen sah für eine ebenfalls kabellose und völlig verlustfreie Übertragung elektrischer Energie. Schon im Juli 1897 gelang ihm die erste drahtlose Signalübertragung über eine größere Entfernung (40 Kilometer); und im September des gleichen Jahres reichte er seine diesbezüglichen grundlegenden Patente ein, die ihn, und nicht Guglielmo Marconi, zum Erfinder des Radios machten. Doch wie sollte er seine revolutionären Ideen verwirklichen, finanziell am Ende und ohne größere technische Apparaturen, die er für seine ehrgeizigen weltumspannenden Projekte benötigte? Er brauchte Geld und eine riesige Versuchsanlage, am besten auf dem offenen, menschenleeren Land, um den potenziellen Schaden durch Brandkatastrophen klein halten zu können.

Anfang 1899 machte Leonard E. Curtis, Patentanwalt der Westinghouse Company und engagierter Mitstreiter im Stromkrieg gegen Edison, seinem Freund Tesla das Angebot, in Colorado Springs, auf einem weiten Hochplateau nahe der Rocky Mountains, wo die dünne und trockene Luft stark elektrisch geladen war, seine experimentellen Untersuchungen fortzuführen. Am 11. Mai 1899 verließ Tesla New York, eine Woche später kam er in Colorado Springs an. Von der Landschaft selbst war er enttäuscht. Sie war zum größten Teil kahl, eine Wüste mit wenig pflanzlichem und tierischem Leben. Nur selten sah man einen Vogel. Doch dieser Mangel wurde wettgemacht durch die unvergleichliche Schönheit des Himmels mit seinen vielfältigen und abwechslungsreichen Formationen von roten, weißen, goldenen und metallisch glühenden Wolken. Berühmt war Colorado auch für seine häufigen »elektrischen Gewitter«, deren gewaltige Blitzentladungen gigantischen Feuerbäumen ähnelten. Alles schien ideal zu sein für seine geplanten Experimente: die Reinheit und Klarheit der Höhenluft, die vor Trockenheit knisterte und gleichsam nach Elektrizität roch; die menschenleere Stein- und Sandwüste, die sich südlich von Colorado Springs bis zum fernen Horizont ausdehnte; die offene Landschaft, die einen freien Blick auf die hohen Berggipfel der Rocky Mountains im Westen bot.

Einige Kilometer von Colorado Springs entfernt, in der Nähe des 4300 Meter hohen Pikes Peak, begann Tesla zusammen mit seinem Assistenten Kolman Czito seine Versuchsstation einzurichten, die zunächst wie eine große rechteckige Scheune aussah, aber bald schon einem Schiff mit einem gewaltigen Dach glich, aus dem sich ein hoher Holzmast mit Stahlrohrverlängerung vierzig Meter hoch in die Luft erhob, gekrönt von einem Kupferball an seiner Spitze. Im Inneren des scheunenartigen Gebäudes befand sich ein riesiger Tesla-Transformator, der die benötigte hochfrequente Stromspannung erzeugte. In seinen *Aufzeichnungen* von Colorado Springs hat Tesla ausführlich und akribisch über seine Versuche berichtet. Er gab an, Spannungen von bis zu zwölf Millionen Volt erzeugt zu haben. Zu seinen aufsehenerregendsten Aktionen gehörte die Erzeugung künstlicher Blitze. Bis zu fünfzig Meter lang waren die Funken- und Blitzentladungen, die aus der Kupferkugel an der Spitze des Sendemastes herausloderten oder im Inneren des Labors zwischen der Primär- und der Sekundärspule übersprangen.

Nikola Tesla war zum Herrn der Blitze geworden, der die elektrischen Naturgewalten zu beherrschen schien und dessen Faszination für sie dennoch nie erlosch. Ein gewaltiges Gewitter in der Nacht vom 3. auf den 4. Juli 1899 hinterließ einen besonders nachhaltigen Eindruck. Den herrlichen Anblick außergewöhnlicher Blitzentladungen, die den schwarzen nächtlichen Himmel zwei Stunden lang mehrere

Tausend Mal erhellten, sollte er nie vergessen. Es war der erhabenste Augenblick seines Lebens, vielleicht auch der dramatischste, der seine Sinne außer Fassung brachte und sein weiteres Schicksal bestimmte. Er war sich sicher, in wissenschaftlicher Hinsicht wunderbare und äußerst aufschlussreiche Erfahrungen gemacht zu haben, als wären in jeder dunklen Wolke Blitze der Erkenntnis verborgen gewesen, die ihn mit ihrer ungeheuren Wucht getroffen und erleuchtet hatten.

Tesla war zu diesem Zeitpunkt 43 Jahre alt. Die Hälfte seines Lebens hatte er hinter sich. Seine wissenschaftlichen Forschungen waren begeistert zur Kenntnis genommen und in technische Innovationen umgesetzt worden. Doch ab dieser besonderen Nacht im Juli 1899 begann sich Tesla in einer geistigen Dimension zu bewegen, die ihn immer größere und fantastischere Projekte entwerfen ließ, deren praktische Umsetzung zunehmend problematisch wurde. Er hatte sich selbst in eine schwindelerregende Höhe begeben, die es seinen Zeitgenossen immer schwerer machte, ihm zu folgen. Im *Mountain Sunshine*-Magazin konnten sie lesen, dass Nikola Tesla, der serbische Wissenschaftler, dessen Erforschung der Elektrizität und ihrer ungeheuren Kräfte ihn weltweit bekannt gemacht hatten, über seine Station nicht nur drahtlos »zu allen Menschen auf der ganzen Welt sprechen könne, sondern auch zu den Bewohnern auf dem Mars, falls sie genug wüssten, um eine Nachricht empfangen zu können.«

Ob diese Behauptung eine Übertreibung war oder nicht, ist unklar. Nikola Teslas *Aufzeichnungen* liefern keine überzeugenden Beweise für seine kühnen Hypothesen und grandiosen Visionen. Dass die Beobachtungen in der Nacht vom 3. Juli 1899 auf sogenannte Stehende Wellen hinweisen, die um oder durch den ganzen Globus gelagert sind, war hochgradig spekulativ. Wahrscheinlicher ist, dass von Tesla nicht erkannte Verstärkereffekte auftraten, weil Wellen vom Pikes Peak zurückprallten. Und auch der Gedanke, die ganze Welt in elektrische Schwingung versetzen und sie mittels Stehender Wellen als Übertragungsmedium benutzen zu können, scheint nur eine verrückte Idee gewesen zu sein. Diese Theorie basierte nicht auf verlässlichen Erfahrungstatsachen, es sei denn, man erkennt als Ursache von Teslas fantastischer Vorstellung die Blitze an, die bei diesem schicksalhaften Gewitter um ihn herum niedergingen und sein Leben veränderten.

Auf die Bewohner von Colorado Springs wirkten die Aktivitäten des Wissenschaftlers befremdlich bis verstörend. Aus der Ferne glaubten sie sein sonderbares Laboratorium brennen zu sehen, und der Donner der freigesetzten Energie ließ ihre Häuser erzittern. Menschen auf der Straße staunten über die Funken, die zwischen ihren Füßen herumsprangen. Pferde, deren eisenbeschlagene Hufe den Strom besonders gut leiteten, rannten wie vom Blitz getroffen aus ihren Ställen kilometerweit in die Prärie hinaus. Es sollen viele Insekten gesehen worden sein, die hilflos im Kreis herumschwirrten. Die Flügel von Schmetterlingen waren von einem blauen Lichtschein umgeben, der wie das Polarlicht leuchtete.

Für Tesla selbst waren seine spektakulären elektrischen Entladungsexperimente in Colorado Springs nur ein Vorspiel für Größeres. Am 7. Januar 1900 schloss er seine Experimente auf dem Land ab und kehrte nach New York zurück. Dort gelang es ihm, den mächtigen Stahlmagnaten, Großbankier und monopolistischen Entrepreneur John Pierpont Morgan als Geldgeber für sein Projekt einer weltweiten Übertragung von Nachrichten und elektrischer Energie zu gewinnen. Am 1. März 1901 wurde ein offizieller Vertrag unterzeichnet, der Tesla den Bau eines »World Telegraphy Center« ermöglichte. 150.000 Dollar stellte ihm J. P. Morgan zur Verfügung, der sich von einem schnellen Informationsfluss von den internationalen Börsen einen großen ökonomischen Vorteil versprach. Als Ort für seine Station bot ihm der Bankier und Anwalt James S. Warden einen riesigen Landstrich auf Long Island an, der das Herzstück eines grandiosen Immobilienprojekts war und den Namen seines Besitzers trug: Wardenclyffe.

Dort begann Tesla, sein Großprojekt aufzubauen: ein Übertragungssystem, mit dem die drahtlose Übermittlung jeder Art von Signalen, Nachrichten und Informationen möglich sein sollte. Über jede beliebige Entfernung sollte selbst der Klang der menschlichen Stimme mit all ihren feinsten Zwischentönen übertragen werden können, wozu nichts anderes benötigt würde als ein preisgünstiges Gerät von der Größe einer kleineren Uhr. Im globalen Maßstab wollte Tesla hier der praktischen Nutzung zuführen, was er mithilfe seiner Experimentierstation in Colorado Springs erkannt zu haben glaubte.

Sein Ziel, ein funktionierendes globales »Welt-System« drahtloser Übertragungstechnik, hat Tesla jedoch nicht erreicht. Der unvollendete Turm wurde zum Monument gescheiterter Hoffnungen. Nach zahlreichen Verzögerungen und immer höher steigenden Kosten war J. P. Morgan 1905 nicht länger bereit, Tesla zu unterstützen und einen weiteren Aufschub der Projektrealisierung zu akzeptieren. Ein letztes Mal versuchte der geniale Erfinder den mächtigsten Finanzier seiner Zeit zu überzeugen: »Lassen Sie es mich Ihnen noch einmal sagen. Ich habe die größte Erfindung aller Zeiten perfektioniert – die Übertragung elektrischer Energie auf drahtlose Weise an alle Orte der Welt, eine Arbeit, die mich zehn Jahre meines Lebens gekostet hat. Es ist der lang gesuchte Stein der Weisen. Ich bin der *einzige Mensch* auf dieser *heutigen* Welt, der das besondere Wissen und die Fähigkeiten besitzt, dieses Wunder zustande zu bringen, und kein anderer wird in den nächsten hundert Jahren dazu in der Lage sein. Helfen Sie mir, meine Arbeit zu vollenden, oder beseitigen Sie wenigstens die Hindernisse, die auf meinem Weg liegen.« Doch es nützte nichts, 1906 war das Wardenclyffe-Projekt endgültig gescheitert. Tesla erlitt einen schweren Nervenzusammenbruch und stürzte aus seiner übermenschlichen Höhe in die eigene private Hölle. Es wurde still um ihn.

Doch während des Krieges machte Tesla mehrere aufsehenerregende Vorschläge zur Entwicklung von Waffensystemen, die ferngesteuert eingesetzt werden könnten. Er sah voraus, dass die Kriege der Zukunft über Tausende von Kilometern und mit Waffen geführt werden würden, »die so zerstörerisch und demoralisierend sind, dass die Welt sie nicht ertragen können wird. Das ist der Grund, weshalb es keinen Krieg mehr geben darf.« Daher entwarf er zugleich auch ein Gegenmittel gegen diese Waffensysteme: teleautomatische Abwehranlagen, die mit einer künstlichen Intelligenz ausgestattet sein sollten und jeden feindlichen Angriffsversuch zunichte machen könnten. Die Zeitungen berichteten reißerisch über Teslas »Todesstrahlenwaffe«. Aber seine Vorschläge wurden als fiktionale Zukunftsvisionen verstanden und blieben Entwurf.

Teslas Stern war im Sinken begriffen. Zwar erhielt er beim Edison Medal Meeting am 18. Mai 1917 als späte Anerkennung für seine früheren Forschungen zur Elektrizität die Ehrenmedaille des American Institute of Electrical Engineers. Doch als am 4. Juli 1917 sein unfertig gebliebener Wardenclyffe-Turm, auch aus militärischen Sicherheitsgründen, in die Luft gesprengt wurde, war seine wissenschaftliche Reputation schwer beschädigt. Seine Pläne zur globalen drahtlosen Energieübertragung wurden als reine Fantasiegebilde verworfen. Für viele, die ihn früher als einen genialen Erfinder geschätzt hatten, war er zu einem größenwahnsinnigen Fantasten geworden, der durch seine Hochfrequenzexperimente am eigenen Körper völlig verstrahlt worden sei. Ihrer Meinung nach sollte sein Platz nicht mehr das technische Laboratorium sein, sondern eine Nervenklinik, um ihn wieder auf den Boden der Tatsachen zurückzuholen.

Auch finanziell ging es bergab. Als die Hypothek auf das Grundstück und das Gebäude in Wardenclyffe, die Tesla zum Bestreiten seiner Lebenshaltungskosten aufgenommen hatte, vorzeitig verfiel, kam es im April 1922 sogar zu einer Gerichtsverhandlung vor dem Obersten Gericht des Staates New York in Suffolk City. Und die Westinghouse-Company, die noch immer von seinem Wechselstromsystem profitierte, ließ ihn fallen. Tesla, nun schon über sechzig Jahre alt, verschuldete sich bei Freunden und Bekannten. Weil er oft seine Rechnungen nicht bezahlen konnte, zog er von Hotel zu Hotel. Um sich in dieser prekären Lebenslage zu trösten und abzulenken, begann er nachts in den Parks von Manhattan Tauben zu füttern, die ihm nun lieber waren als die Menschen, die ihn und seine grandiosen technischen Visionen immer weniger zur Kenntnis nahmen.

1934 erregte Tesla noch einmal größeres Aufsehen mit mehreren Zeitschrifteninterviews, in denen er die praktische

Entwicklung von »Todesstrahlen«, die eigentlich Teilchenströme waren, bekannt gab. Sie sollten in der Lage sein, 10.000 Flugzeuge oder Raketen in einer Entfernung von 400 Kilometern zu zerstören: »Mein Gerät projiziert Teilchen, die relativ groß oder auch nur von mikroskopischer Größe sein können. Dies ermöglicht uns, auf einem kleinen Raum über große Entfernungen das billionenfache der Energie als mit Strahlen gleich welcher Art auch immer zu übertragen. Mehrere tausend PS können auf diese Weise durch einen Teilchenstrom, der dünner ist als ein Haar, übertragen werden, sodass ihn nichts aufhalten kann.«

Ernst genommen wurde Tesla jedoch nicht mehr. Mit seinen Imaginationen versank er zunehmend in eine Alterseinsamkeit, aus der es kein Entkommen mehr gab, als auch noch seine letzten guten Freunde aus besseren Zeiten starben. Er wurde immer eigenwilliger und unzugänglicher, zog sich in seine Fantasiewelten zurück und glaubte mit intelligenten Lebensformen auf fernen Planeten zu kommunizieren. Schließlich blieben ihm nur noch seine Tauben als seine letzten Lieblinge.

Am 7. Januar 1943 starb der greise, zu einem Skelett abgemagerte Nikola Tesla vereinsamt und verarmt in seinem Zimmer im Hotel »New Yorker«. Sämtliche Papiere aus seinem Besitz wurden zunächst dem Office of Alien Property (Behörde für ausländisches Vermögen) ausgehändigt, bevor sie seinen Erben übergeben wurden. Bis heute sind die Gerüchte nicht verstummt, dass Mitarbeiter des FBI oder des militärischen Geheimdienstes MIS (Military Intelligence Service) vor der Übergabe zahlreiche Unterlagen und Geräte Teslas entwendeten, die von höchster waffentechnologischer Brisanz gewesen sein sollen.

Die Begräbnisfeierlichkeiten fanden am 12. Januar in der New Yorker Cathedral of St. John the Divine statt. Teslas Leiche wurde in der eisigen Kälte dieses Wintertages zum Friedhof von Ferncliff bei Ardsley-on-the-Hudson überführt und dort später verbrannt. Die Asche wurde 1957 in sein Heimatland gebracht und befindet sich seitdem im Tesla-Museum in Belgrad. Seine Erscheinung, seine Entdeckungen, Erfindungen, Ideen und Visionen sind jedoch lebendig geblieben und ziehen von Jahr zu Jahr eine immer größer werdende Aufmerksamkeit auf sich, wobei verlässliche Tatsachenfeststellungen, plausible Vermutungen, künstlerische Gestaltungen und reine Fantasieprodukte schwer entwirrbar zusammenspielen.

2. WIE DER LICHTBLITZ EINES ÜBERMENSCHEN

»Ich liebe alle die, welche wie schwere Tropfen sind, einzeln fallend aus der dunklen Wolke, die über den Menschen hängt: sie verkündigen, dass der Blitz kommt, und gehen als Verkünder zugrunde.«
Friedrich Nietzsche

Nikola Tesla war ein sehr schlanker Mann von überaus charakteristischer Erscheinung. Über zwei Meter groß, wog er nicht einmal siebzig Kilo. Bis ins hohe Alter war seine Haltung vollkommen aufrecht. Trotz seiner Hagerkeit besaß er eine enorme körperliche Kraft. Seine Hände waren riesig, seine Daumen ungewöhnlich lang, was zeitgenössischen Theorien zufolge auf eine überragende Intelligenz hinwies. Der obere Teil seines Kopfes war besonders stark ausgeprägt. Er hatte hohe Wangenknochen und eine mächtige Stirn. Der energische Kopf lief fast keilförmig nach vorn zu. Seine Nase war recht lang, sein Kinn sehr spitz, fast ein Punkt, der Mund ziemlich schmal und klein. Das dichte schwarze Haar trug er in der Mitte gescheitelt und glatt nach hinten gekämmt, was die Kantigkeit seines Gesichts betonte. Als junger Mann trug er gern einen akkurat gestutzten Oberlippenbart.

Besonders bemerkenswert waren seine Augen. Sie lagen sehr tief unter dichten Brauen. Für einen Slawen waren sie überraschend hell. Menschen, die ihm nahekamen, hatten den Eindruck, darin brenne ein Feuer. Sie schienen zu funkeln wie die unheimlichen Blitze, die er aus seinen Apparaten schleudern ließ. Wenn er begeistert über seine Forschungen und Zukunftsvisionen sprach, ging von seinen Augen ein ätherisches Strahlen aus, dem sich niemand entziehen konnte. Er selbst hat es als Zeichen einer hochgradig angespannten geistigen Tätigkeit interpretiert, »da es sehr wahrscheinlich ist, dass das Leuchten der Augen mit einer ungewöhnlichen Hirntätigkeit und starken Einbildungskraft verbunden ist. Es handelt sich hierbei praktisch um eine Fluoreszenz der Hirntätigkeit. Eine andere Tatsache, die sich auf diesen Gegenstand bezieht, ist die, dass im Auge eine deutliche und manchmal schmerzliche Lichterscheinung hervorgerufen wird, die sogar im hellsten Tageslicht beobachtet werden kann, wenn einem eine Idee oder ein geistiges Bild in den Kopf schießt.«

Tesla war stets elegant gekleidet. Vor allem bei den abendlichen Treffen mit Freunden im Waldorf-Astoria-Hotel oder bei »Delmonico's« trug er eine tadellose Abendgarderobe, die sein aristokratisches Auftreten unterstrich. Er wollte, wie er seiner Sekretärin mitteilte, der bestgekleidete Mann der Fifth Avenue sein. Er besaß eine Vorliebe für taillierte Jacketts, hoch geschnürte lange schmale Schuhe, steife Bowler-Hüte, weiße Seidenhemden und rot-schwarz gemusterte Krawatten. Persönliche Eitelkeit war ihm jedoch völlig fremd. Sein einnehmendes Lächeln und sein charmantes, zurückhaltendes Auftreten drückten einen feinsinnigen Charakter aus, der sich seiner selbst sicher war. In der New Yorker High Society wusste er sich mit großer Selbstverständlichkeit zu bewegen.

Doch am liebsten hielt er sich in seinen Laboratorien auf, wo er oft auch die Nächte durcharbeitete, um technische

Probleme zu lösen. Er war davon überzeugt, dass der menschliche Fortschritt von lebenswichtigen Erfindungen abhängt und wollte dazu beitragen, die Naturkräfte für die Befriedigung menschlicher Bedürfnisse verfügbar zu machen. Erfindungen galten ihm als die wichtigsten Produkte des schöpferischen Verstandes. In dieser Hinsicht befand er sich die meiste Zeit seines Lebens in einem einzigartigen Begeisterungstaumel, der ihn zur härtesten Arbeit befähigte.

Teslas geniale Erfindungsgabe entwickelte sich aus einem seltsamen frühkindlichen Leiden, das ihn oft unkontrollierbar überfiel. Er war etwa fünf Jahre alt gewesen, als er 1861, zur Zeit einer hochgradigen Sonnenaktivität, zum ersten Mal jene Hypersensibilität erlebte, die er zunächst als eine Nervenkrankheit empfand. In seinem Inneren stiegen Bilder von Dingen oder Ereignissen empor, die mit starken Lichtblitzen verbunden waren. Diese Lichterscheinungen waren ihm unbehaglich. Ihre Intensität war nur schwer zu ertragen. In einigen Fällen schien ihm die gesamte Luft um ihn herum mit lebendigen, flammenden Zungen erfüllt. Das Licht in seinem Kopf strahlte wie eine kleine Sonne. Es war ein kosmischer Schmerz, der ihn aus heiterem Himmel heimsuchte. Manchmal fürchtete er, sein Gehirn stehe in Flammen. Dann verbrachte der kleine Nikola ganze Nächte damit, kalte Tücher auf seinen gepeinigten Kopf zu legen.

Zur Erklärung dieser blitzenden Licht-Bilder, die er keineswegs für Halluzinationen hielt, legte er sich selbst eine kindliche Theorie zurecht: die leuchtenden Bilder seien Reflexwirkungen seines Gehirns auf die Netzhaut, zusätzlich verstärkt durch eine übergroße Erregung der Nerven. Um sich von ihnen zu befreien, konzentrierte er sich auf etwas

Wirkliches, das er gesehen hatte und wieder vor sein geistiges Auge holte. Er bekämpfte also die quälenden Bilder mit anderen Bildern aus seiner Erinnerung. Wenn ihm das Bildmaterial aus seinem Gedächtnis als Gegenmittel ausging, begab er sich auf imaginäre Reisen. Er dachte sich neue Länder, Menschen und Situationen aus, die so sehr an Intensität und Klarheit gewannen, dass sie schließlich wirklich zu sein schienen. In seiner Autobiografie *Meine Erfindungen* (*My Inventions*), die Nikola Tesla 1919 für den *Electrical Experimenter* seines Freundes Hugo Gernsback schrieb, schilderte er, wie sich daraus seine ihm eigene Gabe der Erfindung entwickelte: »Diese Übungen machte ich ständig, bis ich ungefähr siebzehn Jahre alt war und meine Gedanken sich ernsthaft mit Erfindungen befassten. Ich entdeckte dann zu meiner großen Verwunderung, dass ich mit Leichtigkeit geistige Bilder erzeugen konnte. Ich benötigte keine Modelle, Zeichnungen oder Experimente. Ich konnte all dies, wie wenn es wirklich wäre, in meinem Geist erzeugen. Auf diese Weise bin ich unbewusst dazu geführt worden, eine neue Methode der Materialisierung schöpferischer Konzepte und Ideen zu entwickeln.«

Doch in dieser später ausgeprägten Fähigkeit, schöpferische Ideen in seiner Vorstellung zu entfalten und neue Maschinensysteme vor seinem geistigen Auge ablaufen zu lassen, blieben die Lichterlebnisse und Blitze seiner frühen Kindheit stets lebendig. Immer wieder überkamen ihn seine Ideen blitzartig. Meist jedoch entwickelten sie sich aus lichten Flocken, glänzenden Linien, blitzenden Lichtpünktchen und wogenden Lichtwolken, die sich langsam vor einem dunklen, gleichförmig blauen Hintergrund zu klaren Bildern zusammensetzten.

Tesla war 25 Jahre alt, als er im Herbst 1881 in Budapest, wo er in einer modernen Telefonzentrale als Technischer Leiter arbeitete, einen vollkommenen Nervenzusammenbruch erlitt. Die Übersensibilität seiner Sinnesorgane erlebte er als lebensbedrohliche Marter. Das Gepolter eines draußen vorbeifahrenden Wagens schien sich auf seinen Stuhl zu übertragen und erschütterte seinen ganzen Körper. Nachts musste er sein Bett auf Gummipolster stellen, um es von Vibrationen abzuschirmen. Er hörte das Ticken einer Uhr im übernächsten Zimmer, als würde jemand mit einem Hammer auf einen Amboss schlagen. Die leichteste körperliche Berührung empfand er als einen heftigen Schlag. Jeder noch so schwache Sonnenstrahl drohte in seinem Kopf eine gewaltige Explosion auszulösen. Er musste seine ganze Willenskraft aufwenden, um unter einer Brücke hindurchzugehen, da er dabei einen gewaltigen Druck auf seiner Wirbelsäule verspürte. Im Dunkeln hatte er den Spürsinn einer Fledermaus und konnte durch ein leichtes Prickeln auf seiner Stirn einen Gegenstand aus einer Entfernung von vier Metern orten. Oft schlug sein Puls bis zu 260-mal in der Minute und alle Fasern seines Körpers zitterten unerträglich. Tesla fühlte sich körperlich hoffnungslos verloren. Kein Arzt, keine medizinische Wissenschaft vermochte ihm zu helfen. Ein befreundeter Doktor verschrieb ihm schließlich eine tägliche Dosis Kaliumbromid als Beruhigungs- und krampflösendes Mittel, nannte sein Leiden aber einmalig und unheilbar.

So blieb nur noch Teslas Willensstärke als Heilmittel: Er wollte unbedingt zur Normalität zurückfinden. Im kalten Januar des Jahres 1882 war der Höhepunkt der Krankheit überwunden. Die Vitalität seines Geistes hatte den Trieb zum Tode besiegt, galt es doch komplexe technische Probleme zu lösen. Dabei ging es nicht um einen bloßen Entschluss, als Erfinder tätig sein zu wollen. Für Tesla war es eine Schicksalsfrage: »Bei mir handelte es sich um einen heiligen Schwur, eine Frage von Leben und Tod. Ich wusste, dass ich zugrunde gehen musste, wenn ich versagte. Nun fühlte ich, dass der Kampf gewonnen war. Im hintersten Winkel meines Gehirns befand sich irgendwo die Lösung, ich war nur noch nicht in der Lage, dieser einen Ausdruck zu verleihen.«

Gleichzeitig spürte er, dass sich in ihm etwas Großes anbahnte. Es ereignete sich an einem sonnenerfüllten Spätnachmittag im Februar 1882, als sich ihm die Funktionsweise eines neuen Maschinentyps offenbarte. An diesem besonderen Tag, den er sein Leben lang nicht vergessen sollte, ging er mit einem Freund im Stadtpark von Budapest spazieren. Tesla rezitierte aus Goethes *Faust*, den er auswendig kannte. Als die untergehende Sonne den Himmel mit einem farbenprächtigen Lichtspiel erfüllte, blickte er zu ihr empor, mit einem sonderbaren Feuer in seinen Augen. Einige besondere Verse aus dem *Faust* kamen ihm in den Sinn:

> Sie rückt und weicht, der Tag ist überlebt,
> dort eilt sie hin und fördert neues Leben.
> O! dass kein Flügel mich vom Boden hebt,
> ihr nach und immer nach zu streben.
> Ein schöner Traum indessen sie entweicht,
> ach, zu des Geistes Flügeln wird so leicht
> kein körperlicher Flügel sich gesellen!

Als Tesla diese Worte ausgesprochen hatte, schien er in eine Art Trance zu fallen. Sein Freund sprach ihn mehrmals an, bekam jedoch keine Antwort. Er begann ihn zu rütteln.

Endlich wachte Tesla auf und fing lebhaft zu reden an. Er berichtete von einem Gedanken, der ihm wie ein Lichtblitz durch das Gehirn geschossen sei und seinen Geist beflügelt habe, als er die Sonne in ihrem ewigen Kreislauf untergehen sah. Wie ein aufgeregtes Kind stieß er die Worte hervor, mit denen er auszudrücken versuchte, was er mit seinem geistigen Auge gesehen hatte. Er hatte eine Vision erlebt, für die der Lauf der Sonne den Anstoß gegeben hatte.

In diesem unvergesslichen Augenblick hatte Nikola Tesla das Prinzip des »rotierenden Magnetfeldes« entdeckt, das von zwei- oder mehrphasigen Wechselströmen erzeugt wird und den Motoranker mit der Frequenz der Wechselströme mit sich reißt. Das alternierend zwischen Plus und Minus wechselnde Stromfeld bewirkt eine Kreisbewegung des Motors, dessen äußerer Ring stillsteht, während sich sein innerer Kern oder Anker dreht. »Das Magnetfeld des Motors muss sich drehen, wie sich die Erde um die Sonne dreht. So lassen sich ganz neue Wechselstrommotoren mit ungeahnten Möglichkeiten bauen«, sprudelte es aus Tesla heraus. Für seinen davon völlig überrumpelten Freund zeichnete er mit einem Stock ein einfaches Modell dieses Motors auf den staubigen Gehweg, um die Funktionsweise zu veranschaulichen.

In seiner Biografie des genialen Erfinders, *The Prodigal Genius*, hat John O'Neill seinen Freund Tesla als »Übermensch von eigener Hand« charakterisiert: als verschwenderisch, verwegen, großzügig und geistig sprühend; und als Genie, Dämon und schöpferischen Erzeuger. Das Wort »Übermensch« hat O'Neill bewusst gewählt. Zwar erwähnt er Friedrich Nietzsche nicht. Aber jeder gebildete Leser erkannte sofort, dass er Nikola Tesla als ein übermenschliches

Wesen darstellte, dessen Bild Nietzsche in seinem Buch für Alle und Keinen entworfen hatte: *Also sprach Zarathustra.*

Nikola Tesla war die Personifizierung dessen, was Zarathustra die Menschen lehren wollte, als er von seiner gebirgigen Höhe zu ihnen hinunterstieg: »Seht, ich lehre euch den Übermenschen. Ich will die Menschen den Sinn ihres Seins lehren: welcher ist der Übermensch, der Blitz aus der dunklen Wolke Mensch.« Doch die wenigsten waren bereit, Zarathustra zuzuhören und seine Lehre vom Übermenschen zu begreifen. Sie fürchteten ihn, weil er ihre kleinen und begrenzten Möglichkeiten weit überstieg. Sie lachten ihn aus, weil sie ihn nicht verstanden, und indem sie lachten, hassten sie ihn. Oder sie hielten ihn für wahnsinnig, weil er als ungeheurer Blitz die tiefe Dunkelheit durchstrahlte, in der die gewöhnlichen Menschen ihr Leben zubrachten.

Nikola Tesla hat als wissenschaftlich arbeitender Elektrotechniker verwirklicht, was Nietzsche als philosophischen Gedanken im Gewand eines alten persischen Weisen entworfen hatte.

Und es geschah zur gleichen Zeit. Denn während Tesla in Budapest an einer unmenschlichen Übersensibilität seiner Sinnesorgane litt, befand sich auch Nietzsche in einer tiefen Krise. Den Herbst 1881, den er im Engadiner Alpenstädtchen Sils Maria verbrachte, empfand er als eine beängstigende Zeit großen Martyriums. Seine Sinne waren stark überreizt, die Schmerzen unerträglich. Nietzsche selbst führte sein Leid auf klimatische Störungen der Atmosphäre zurück und war davon überzeugt, dass die verfluchte Wolken-Elektrizität einen fürchterlichen Einfluss auf ihn ausübte. Denn er glaubte in diesem Punkt empfänglicher zu sein als irgendein anderer Mensch – zu seinem Unglück. Die elektrischen Stürme, die seine Nerven quälten, ließen ihn fast wahnsinnig werden. Er konnte doch nicht sein Leben in einer seidenen Hängematte verbringen, um ihren Einfluss zu verringern, sagte er sich. Dann sich besser gleich ganz aufhängen. Das wäre die radikale Lösung allen Leids.

Erst im frostklaren Wundermonat Januar 1882 begannen sich Nietzsches Geist und Gemüt wieder zu klären. Die Abwesenheit von Wolken ließ seinen Kopf frei werden und er erlebte den Rausch eines strahlenden Lichts, das ihm die Sonne im Überfluss bot. Es war der schönste Januar seines Lebens. Bereits im Vierten Buch seiner *Fröhlichen Wissenschaft* pries er diesen »Sanctus Januarius« und dessen großes Gestirn, die Sonne, die Zarathustra in seiner gebirgigen Höhe erleuchtete. Es hatte geblitzt. Eine kurze Spanne Zeit war Nietzsche ganz in seinem Element und Licht gewesen. Nun sollten auch die Menschen in den Niederungen erfahren, was er in diesem reinen Licht gesehen hatte. »Also begann Zarathustras Untergang.«

Nur wenig später, im Februar 1882 ereilte Tesla im untergehenden Sonnenlicht blitzartig seine erste großartige Inspiration für ein revolutionär neues System elektrischer Energieverteilung und -übertragung durch Wechselströme, das mit Gleichströmen nicht verwirklicht werden konnte. Zur gleichen Zeit schrieb Nietzsche über die inspirierte Energie des Übermenschen: »Hat jemand, Ende des neunzehnten Jahrhunderts, einen deutlichen Begriff davon, was Dichter starker Zeiten *Inspiration* nannten? Der Begriff Offenbarung, in dem Sinn, dass plötzlich, mit unsäglicher Sicherheit und Feinheit, etwas *sichtbar*, hörbar wird, etwas, das einen im Tiefsten erschüttert und umwirft, beschreibt diesen Tatbestand. Man hört, man sucht nicht; man nimmt, man fragt nicht, wer da gibt; wie ein Blitz leuchtet ein Gedanke auf, mit Notwendigkeit, in der Form ohne Zögern. Es scheint wirklich, um an ein Wort Zarathustras zu erinnern, als ob die Dinge selbst herankämen und sich zum Gleichnis anböten. Dies ist *meine* Erfahrung von Inspiration; ich zweifle nicht, dass man Jahrtausende zurückgehn muß, um jemanden zu finden, der mir sagen darf, ›es ist auch die meine‹.« Nietzsche dachte dabei an Heraklit aus Ephesus, der um 500 v. Chr. gelebt hat. Heraklit galt als »der Dunkle«, der aus den tiefen Schatten der Weltbetrachtung heraustrat und dessen blitzende geistige Energie den ganzen Kosmos wie durch einen alles erfassenden Feuerstrahl zu erhellen schien.

Von seinem Zeitgenossen Tesla konnte Nietzsche nichts wissen. Er ahnte nicht, dass nicht weit von ihm entfernt ein junger Elektrotechniker seine Erfahrung von Inspiration teilte. Und mehr noch: Über den Budapester Augenblick, in dem er das magnetische Drehfeld entdeckte, berichtete der Übermensch Tesla mit ähnlichen Worten wie Nietzsche: »Mir kam der Gedanke wie ein Lichtblitz und im gleichen Moment offenbarte sich mir die Wahrheit. Mit einem Stock zeichnete ich die Diagramme, die ich sechs Jahre später vor dem Amerikanischen Institut der Elektroingenieure vortrug. Die Bilder, die ich sah, waren außergewöhnlich scharf und klar und hatten die Festigkeit von Metall und Stein. Ich kann meine Gefühle nicht beschreiben. Wie Pygmalion sah, wie seine Statue lebendig wurde, konnte er nicht tiefer bewegt gewesen sein. Ich hätte tausend Geheimnisse der Natur, die mir zufällig in den Weg gekommen wären, für dieses eine hergegeben, das ich der Natur ohne Aussicht auf Erfolg und unter Lebensgefahr abgerungen hatte.«

3. BEI LEBENDIGEM LEIB GERÖSTET

»Der Tod ist die Sanktion von allem,
was der Erzähler berichten kann.
Vom Tode hat er seine Autorität geliehen.«
Walter Benjamin

Die Tat

Freitag, der 29. März 1889. Ein kalter, nebelverhangener Morgen in Buffalo, der prosperierenden Industriestadt am Eriesee, nahe der Niagarafälle. Es ist diese Stadt im Staat New York, in der kürzlich der Zahnarzt Alfred Southwick seine makabren Versuche unternommen hat, Tiere durch elektrischen Strom zu töten. Zur gleichen Zeit beginnt dort der Unternehmer George Westinghouse sein erstes System zur Wechselstromerzeugung und -verteilung aufzubauen. Er nutzt die patentierten Erfindungen Nikola Teslas, der gerade als ein Star der elektrischen Forschung im Zentrum der Aufmerksamkeit steht.

Während der graue Himmel langsam aufklart, taumelt ein mittelgroßer, kräftig gebauter Mann mit dunklem Bart und buschigen Augenbrauen aus einer der billigen, noch immer lärmenden Bars am Hafen. Es ist der Straßenhändler John Hort, 28 Jahre alt. Mit dem Verkauf von Früchten, Gemüse, Butter und Eiern ist er zu einem bescheidenen Besitz gekommen. Ihm gehören vier Pferde und ein Wagen. Er arbeitet hart, um seine kleine Familie zu ernähren, zu der seine drei Jahre ältere Frau Tillie und ihre vierjährige Tochter Ella gehören. Wenn er nur nicht so viel saufen würde! Denn sobald er nicht arbeiten muss, hängt er am liebsten in den Kneipen herum. Oft streift er schon nachmittags von einer zur anderen. Man kann ihn fast jeden Tag betrunken aus den Saloons wanken sehen oder auf Fässern in Hinterhöfen liegen, wo er stundenlang in den Himmel starrt und Däumchen dreht. Auch in der Nacht von Donnerstag auf Freitag hat er sich wieder volllaufen lassen. Zusammen mit John »Yellow« DeBellow, der ihm beim Verkauf seiner Waren hilft und im gleichen Haus wie er wohnt, hat er Unmengen von Bier und Whiskey gesoffen. In MARTIN'S SALOON, der letzten Kneipe, die er an diesem kühlen Morgen besucht hat, ist er auffällig laut und geschwätzig gewesen. Jeder sollte wissen, dass seine Frau Tillie eine geile Hure sei. Selbst sein Kumpel DeBellow habe seine Hände nicht von ihr lassen können.

Es ist kurz vor acht Uhr, als John Hort durch die Morgendämmerung endlich nach Hause geht, um dort zu frühstücken. Die Familie wohnt in den hinteren Zimmern eines kleinen Wohnhauses, 526 South Division Street, das Mrs. Mary Reid gehört. Er stolpert in die Küche, wo Tillie gerade Bratkartoffeln und Rühreier mit Speck zubereitet. Er starrt sie an und beginnt zu schreien, dass sie ein verdorbenes Luder sei. Dann geht er in den hinter dem Haus gelegenen Stall, wo sich seine Pferde und sein Wagen befinden. Er greift sich eine Axt und stakst mit unsicheren Schritten zurück in die Küche. Lautes Geschrei ertönt, auf das die Nachbarn, auch Mrs. Reid, nicht besonders achten. Man hat sich an die Streitereien gewöhnt, die seit Januar allerdings sehr zugenommen haben, und hält sie für eine Privatsache, in die man sich nicht einmischen will. Doch jetzt geht es besonders heftig zu. Tillie kreischt mit hoher, grauenerregender Stimme. Schwere Schläge sind zu hören, als hacke jemand Holz mit heftiger Wucht. Dann ist es totenstill, nur ab und zu unterbrochen von einem dumpfen Stöhnen.

Mary Reid geht nun doch nach hinten, um zu schauen, was los ist. Sie ruft, bekommt aber keine Antwort. Sie läuft nach draußen vor das Haus, wo ihr Mieter auf sie zukommt, der über den Hof zur Straße gegangen ist. »Was haben Sie getan?«, fragt sie ihn, das Schlimmste fürchtend. »Ich habe sie getötet.« – »Nein, das haben Sie nicht. Das meinen Sie doch nicht im Ernst, nicht wahr?«, entgegnet Mrs. Reid geschockt, wobei sie hysterisch zu weinen beginnt. Mit eisiger Stimme antwortet er ihr, konstatiert scheinbar unbewegt eine Tatsache: »Doch, ich tat es. Sehen Sie sich meine Hände an!« Als er sie hochhebt, tropft Blut von seinen Händen und den Jackenärmeln auf den Boden. »Es ging nicht anders. Ich musste es tun. Dafür werde ich hängen. Einer von uns beiden musste sterben.« Dann geht er zurück in seine Wohnung. Kurz darauf kommt er mit Ella, Tillies kleiner Tochter, zurück, die herzzerreißend weint und jammert: »Papa hat meine Mama getötet.«

Mary Reid holt Hilfe. Sie läuft zu einem Nachbarn, der gerade Besuch von seinem Sohn hat. So wird der Buchbinder Asa D. King aus Boston der erste Zeuge am Ort der schrecklichen Tat. Er folgt John Hort, als dieser wieder ins Haus geht. In der Küche bietet sich ihm ein fürchterliches Bild. Auf dem Herd brutzeln die Kartoffeln und die Rühreier. Der Küchentisch und die Stühle sind umgestoßen, als habe ein heftiger Kampf stattgefunden. An der Wand sind zahlreiche Blutspritzer, auf dem Boden glänzen Pfützen von Blut. Auf ihre Hände und Knie gestützt bewegt sich Tillie in einem gleichmäßig wiegenden Rhythmus vor und zurück. Leise jammert sie vor sich hin. Ihr gesamter Körper scheint zu bluten, aus unzähligen Wunden. In einer Ecke der Küche steht John Hort. Er starrt auf die Szene vor sich, während er seine blutigen Hände an seiner Kleidung abzuwischen versucht.

Der geschockte Buchbinder King spricht John Hort an. »Das ist ja echt brutal, Mann. Wir müssen einen Arzt holen.« Doch Hort steigt ungerührt über den sich wiegenden, blutenden Körper seiner Frau hinweg und verlässt das Haus. Wankend schlurft er die Straße hinunter zu MARTIN'S SALOON. Dort bestellt er ein Bier. King ist ihm gefolgt und sagt der Barfrau, dass Hort seine Frau getötet habe, worauf dieser nichts zu trinken bekommt. Er verlässt die Kneipe und steuert die nächste an. King läuft hinter ihm her und versucht mit ihm zu sprechen. Hort schweigt und schaut King mit unbewegtem Gesichtsausdruck an, bevor er ins Dunkel einer der Kaschemmen in der Nähe eintaucht. Dort beginnt er gerade sein Bier zu trinken, als der von Nachbarn informierte Polizist O'Neill hereinkommt und ihn verhaftet. Widerstandslos und ohne jede Regung lässt er sich festnehmen.

Unterdessen hat Dr. Blackman, der in der Nähe seine Praxis hat und zu Hilfe gerufen worden ist, dafür gesorgt, dass Tillie in das Fitch Hospital gebracht wird. Es sind die fürchterlichsten Verletzungen, die der Arzt in seinem ganzen Leben gesehen hat. Tiefe Kerben befinden sich in Tillies beiden Schultern. Ihr rechter Arm und ihre rechte Hand sind zerschnitten und zu einer breiigen Masse verstümmelt. Am schrecklichsten jedoch sind die Wunden am Kopf. 26 Einschläge werden die Ärzte später zählen. Einige sind so tief, dass Teile des Gehirns durch die Schädeldecke quellen. Noch immer schlägt Tillies Herz. Die Ärzte versuchen das Bluten zu stoppen. Sie entfernen die Splitter der zerstörten Schädelknochen. Doch jede Hilfe ist vergeblich. Tillie kommt nicht wieder zu Bewusstsein. Am Morgen des nächsten Tages, um ein Uhr früh, siebzehn Stunden nach der blutigen Tat ihres Mannes, stirbt sie.

Das Urteil

Während im Fitch Hospital die Ärzte noch um Tillies Leben kämpfen, stellen Reporter und Polizei fest, dass Mr. und Mrs. Hort nicht verheiratet sind. Auch leben sie unter falschen Namen. John Hort heißt in Wirklichkeit William Kemmler. Als Sohn deutscher Einwanderer wurde er am 9. Mai 1860 in Philadelphia geboren, wo er später als Gemüsehändler ein eigenes Geschäft aufzubauen versuchte. Er hätte erfolgreich sein können. Aber er zog es vor, als Alkoholiker sein Leben zu ruinieren. Man kam zwar gut mit ihm aus, wenn er nüchtern war, fürchtete jedoch seine Wutausbrüche, wenn er besoffen war und jede Kontrolle über sich verlor. Einer Nachbarin, die sich in ihn verliebt hatte, gelang es, ihm vor einem Friedensrichter das Ja-Wort zur Ehe abzuluchsen. Er hatte zu viel Schnaps intus, um zu wissen, was er tat. Wieder nüchtern, versuchte er die Ehe annullieren zu lassen, was am Widerstand der Familie seiner unfreiwillig gewonnenen Gattin scheiterte. Was also tun? Er fasste den Plan, alles hinter sich zu lassen und heimlich aus Philadelphia zu verschwinden. Nur die hübsche Matilda »Tillie« Ziegler, in die er sich verliebt hatte, wollte er mit sich nehmen. Auch sie hielt es in ihrer Heimatstadt nicht mehr aus, war ebenfalls unglücklich verheiratet. Ihr Mann war ein notorischer Schürzenjäger, der obendrein an einer »ekelhaften Krankheit« litt. In dieser verzweifelten Situation kam Kemmlers Angebot gerade recht, mit ihm und ihrer Tochter Ella nach Buffalo zu gehen und dort als Mr. und Mrs. Hort ein neues Leben zu beginnen.

Zunächst scheint alles gut zu gehen. Kemmler baut sich ein kleines Handelsunternehmen auf. Die »Eheleute Hort« machen den Eindruck, zufrieden zu sein. Doch es ist eine trügerische Ruhe, die immer wieder durch alkoholische Exzesse gestört wird, bis es schließlich am Morgen des 19. März 1889 zur tödlichen Katastrophe kommt. In den ersten Verhören nach seiner Verhaftung ist Kemmler schweigsam. »Ich habe nichts zu sagen. Quälen Sie mich nicht.« Dann besteht er darauf, kein schlechter Mensch zu sein, sondern nur das Opfer seines unkontrollierbaren Temperaments. Er kooperiert mit der Polizei, verhält sich eigenartig ruhig und bereut, dass er seine Frau in einem Anfall von Eifersucht erschlagen hat, weil sie zu vertraut mit seinem Kumpel John »Yellow« DeBellow gewesen sei. Er habe das nicht gewollt, sondern sei völlig betrunken gewesen.

Der Prozess gegen William Kemmler beginnt am 7. Mai 1889. Mary Reid und Asa King beschreiben die grausame Szene, deren Augenzeugen sie waren, und berichten, dass Kemmler ihnen seine Schuld gestanden habe. Die Ärzte vom Fitch Hospital erläutern Tillie Zieglers tödliche Wunden und legen dem Richter und der Jury die Knochensplitter des Schädels als Beweismaterial vor. Die Axt wird herumgezeigt. Am nächsten Tag ruft der Verteidiger Zeugen auf, die Kemmlers Trunksucht bestätigen. Man habe ihn überhaupt nie nüchtern erlebt. Und dass er nach der Tat in der nächsten Bar Bier trinken wollte, gehörte halt zu seiner morgendlichen

Routine. Der Anwalt plädiert auf Unzurechnungsfähigkeit seines Mandanten, der die Tat nicht geplant habe. Hätte er seine Frau vorsätzlich töten wollen, so hätte ein Schlag mit dem Beil genügt. Gerade die Brutalität der Tat zeige, dass Kemmler sich im Zustand eines krankhaften Alkoholrauschs befunden habe.

Am dritten Verhandlungstag soll das Urteil gefällt werden. Die Jury kann sich zunächst nicht einigen. Doch der Hinweis des Richters, dass man kein intelligenter Mensch sein müsse, um für ein Verbrechen verantwortlich zu sein, sondern nur verstehen können müsse, was man tue, überzeugt auch die Zweifler. »Schuldig des Mordes ersten Grades«, lautet das einstimmige Urteil am 9. Mai 1889.

Kemmler wird zum Tode verurteilt. »Ich musste es tun. Dafür werde ich hängen«, hat er kurz nach seiner Tat gesagt. Doch im Staat New York ist der Tod am Galgen abgeschafft worden. Er gilt als zu brutal und widerspreche dem achten Verfassungszusatz, der »cruel and unusual punishment« verbietet. Und so soll Kemmler nicht am Strick sterben, sondern mithilfe des neuen Wundermittels hingerichtet werden, das ein Jahr zuvor von einer »Todesstrafen-Kommission« als die humanste und praktischste Hinrichtungsart für Kapitalverbrechen empfohlen worden ist. Seit dem 1. Januar 1889 kann es im Staat New York angewandt werden. Als erster Mensch soll Kemmler durch elektrischen Strom getötet werden. Kemmler wird leichenblass, als er das Todesurteil hört: »Elektrokution« auf dem elektrischen Stuhl in der Woche nach dem 24. Juni 1889, zu vollziehen im Staatsgefängnis von Auburn. Kemmler hat mit einem schnellen Tod durch den Strang gerechnet. Elektrizität als Tötungsmethode ist ihm unheimlich. Er weiß nicht, wie der elektrische Strom wirkt, und kann sich nicht vorstellen, was auf ihn zukommen wird.

William Kemmler ist zu einem Fall geworden. Die Augen der ganzen Nation sind auf ihn gerichtet. Die Ermordung seiner Frau war zwar grausam gewesen, aber nicht besonders ungewöhnlich. Seine Hinrichtung mittels Elektrizität ist dagegen ein Novum in der Geschichte der Todesstrafen. Man ist neugierig, wie dieses »humane« Tötungsexperiment mit einem Menschen ausgehen wird.

Seit dem späten 19. Jahrhundert erstaunt und fasziniert die Menschen vor allem die augenscheinlich übernatürliche Kraft der Elektrizität, die in künstliches Licht übersetzt werden kann, das die Straßen, Häuser und Zimmer erleuchtet und auf Weltausstellungen riesige Lichtpaläste zum Strahlen bringt. Die Beherrschung und Ausnutzung der Elektrizität ist das zentrale Symbol des zivilisatorischen Fortschritts. Der Elektroingenieur ist der Magier der Moderne. Deshalb kann auch der elektrische Stuhl als Zeichen einer erhabenen Größe bewundert werden. Seine tödliche Kraft offenbart die ungeheure Energie einer Naturgewalt, die der Mensch unter seine technische Kontrolle zwingen kann. Und dass der Tod durch Elektrizität schnell wie ein Blitz, völlig schmerzlos und spurlos sein soll, lässt ihn als fortschrittlichste Hinrichtungsart erscheinen.

Dass dieser technische Fortschritt zugleich eine Bedrohung bedeutet, die sich in eine monströse Massenvernichtung steigern kann, illustriert ein Roman, der im Kemmler-Jahr 1889 erschienen ist. Er stammt aus der Feder von Nikola Teslas engem Freund Samuel Clemens, der besser bekannt ist unter seinem Nom de Plume »Mark Twain«. Erzählt wird die fantastische Geschichte des großspurigen Amerikaners

Hank Morgan, der durch einen traumatisierenden Hieb auf den Kopf ins England des 6. Jahrhunderts zurückversetzt wird. Der *Yankee aus Connecticut an König Artus' Hof* in Camelot kann als »Boss« all sein technisches Wissen einsetzen, um Licht ins finstere Mittelalter zu bringen. Elektrizität ist sein Wundermittel, das jedoch bald den Widerstand von Kirche und Adel provoziert. Am Ende kommt es zu einer apokalyptischen Orgie des Todes. 30.000 englische Ritter marschieren gegen den amerikanischen »Boss« und seine wenigen Gefolgsleute, die sich in einer Höhle verschanzt haben. Unaufhaltsam scheint der Strom des heranbrandenden riesigen Heeres, »und von immer erhabener Großartigkeit war der Anblick, den es bot.« Doch die kriegerische Flut wird gebremst durch einen Wall aus eisernen Schutzzäunen, die mithilfe eines riesigen Starkstromgenerators unter Strom gesetzt worden sind. Die Übermacht des Feindes wird noch übertroffen von der übermenschlichen Kraft der Elektrizität. Der Angriff der gegnerischen Massen endet in gewaltigen Blitzen elektrischen Stroms, der stumm sein schreckliches Werk verrichtet. Am Ende hängen und liegen 25.000 tote Ritter an den Zäunen, und das Feld der Toten wird durch fünfzig elektrische Sonnen hell erleuchtet. »Himmel, was für ein Anblick!« Doch dieses erhabene Gefühl währt nur kurz. Denn angesichts der verwesenden Leichenberge, deren Pesthauch die Luft zu erfüllen beginnt, kommt die erschreckende Erkenntnis, dass der Krieg dennoch verloren ist: »Wir befanden uns in einer Falle, nicht wahr – einer Falle, die wir uns selbst gestellt hatten. Blieben wir dort, wo wir waren, dann mussten uns die Toten umbringen; verließen wir aber unsere Verteidigungsstellung, dann waren wir nicht länger unbesiegbar. Wir hatten gesiegt, jetzt waren wir unsererseits besiegt.«

Mark Twain schildert 1889 nicht nur die Dialektik einer Technologie, die zur Befreiung der Menschheit führen soll, aber zum Instrument ihrer Vernichtung wird. Er spielt auch auf einen realen Krieg an, der zu seiner Zeit im vollen Gange ist. Gekämpft wird um die Vormacht in der sich rasant entwickelnden Elektroindustrie. Die Erfindung und Propagierung des elektrischen Stuhls ist Teil eines »Stromkriegs« zwischen den beiden Konkurrenten Thomas Alva Edison und George Westinghouse, der 1888 begonnen hat. Denn während Edison den Gleichstrom (*Direct Current*, DC) favorisiert und damit die Stromversorgung Amerikas aufbauen will, setzt sein Gegenspieler Westinghouse auf den Wechselstrom (*Alternating Current*, AC), der bei hoher Spannung preiswert über große Entfernungen übertragen werden kann. Die Patente und Apparate des genialen Erfinders Nikola Tesla, der für ein effektives Wechselstrom-System die nötigen Generatoren, Transformatoren und Übertragungsmöglichkeiten entwickelt hat, liefern Westinghouse die nötigen Produktivkräfte.

In diesem AC/DC-Krieg droht Edison zu verlieren. Da kommt er auf die trickreiche Idee, den Wechselstrom als extrem gefährlich darzustellen. Und was kann diese Gefahr besser vor Augen führen als ein elektrischer Stuhl, dessen Wechselstromsystem den zum Tode Verurteilten blitzartig zu töten vermag? Edison lässt seine Techniker ein erstes Modell dieses mörderischen Apparats entwerfen. Er kämpft für die »Electrocution«, die Exekution mittels Elektrizität, um Westinghouse aus dem Feld zu schlagen. William Kemmlers Hinrichtung mit Strom aus einem Westinghouse-Generator soll ihm den Sieg über seinen ökonomischen Widersacher bringen. Westinghouse wehrt sich. Ein Jahr lang kämpfen seine Anwälte darum, Kemmlers geplante Hinrichtung als

»grausam und ungewöhnlich« zu beurteilen und als verfassungswidrig abzulehnen.

Es werden langwierige »Kemmler-Hearings« veranstaltet. Auch Edison tritt als Experte für den Wechselstrom-Todesfall auf. Am 23. Juli 1889 betritt er den überfüllten Anhörungsraum. Selbstsicher lächelt er. Zwischen seinen Zähnen steckt eine unangezündete Zigarre. Während einer langen Befragung erklärt er zunächst den Unterschied zwischen Gleichstrom und Wechselstrom. »Warum wollen Sie keinen Wechselstrom verwenden, Mr. Edison?« – »Ich mag ihn nicht.« – »Glauben Sie, dass er gefährlich ist?« – »Ja.« Später wird Edison zur Wirkung des tödlichen Stroms befragt. Kemmlers Anwalt, von Westinghouse bezahlt, will wissen, ob Elektrokution das Opfer verstümmele. Edison gibt zu, dass ein starker Stromschlag einen Brand verursachen könnte. »Sie würden das Opfer schnell brennen lassen?« – »Es verkohlen lassen«, antwortet der Fachmann für Elektrizität. »Sofort?« – »Unmittelbar!« – »Nehmen wir an, Sie nehmen diesen fürchterlichen Westinghouse-Strom«, fragt der Anwalt mit sarkastischem Ton, »der bei Kemmler verwendet werden soll. Nehmen wir an, der Strom wird mit einer Spannung von 1500 Volt fünf oder sechs Minuten durch seinen Körper gejagt. Wie lange würde es dauern, bis er die Hitze fühlen würde?« – »Ich glaube, seine Temperatur wird vier oder fünf Grad über Normal steigen, und dann wird er wohl mumifiziert werden, wenn das ganze Wasser aus ihm verschwunden ist.« – »Das ist ein neuer Begriff«, stellt der Anwalt fest. »Sie meinen, Kemmler würde nicht verkohlt, sondern mumifiziert?« – »Ja, mumifiziert«, bestätigt Edison.

Schließlich bringen die Anwälte den »Fall Kemmler« bis vor den Obersten Gerichtshof der Vereinigten Staaten, der am 23. Mai 1890 abschließend urteilt: Die Hinrichtung auf dem elektrischen Stuhl sei weder grausam noch ungewöhnlich und widerspreche deshalb nicht dem achten Zusatz der amerikanischen Verfassung. Der Verbrennung, Verkohlung oder Mumifizierung Kemmlers durch elektrischen Strom steht nichts mehr im Weg. Das Experiment kann stattfinden. Als Termin wird der 6. August 1890 festgelegt.

Horror auf dem elektrischen Stuhl

Seit Mai 1889 sitzt Kemmler in der Todeszelle des Staatsgefängnisses von Auburn, 200 Kilometer östlich von Buffalo im US-Bundesstaat New York. Die letzten fünfzehn Monate hat er reichlich Zeit gehabt, über sich und seine mörderische Tat nachzudenken. Er wirkt verändert. Während er sich zu Beginn seiner Haft noch wie ein wildes Tier verhalten haben soll und seine Tillie als »alte Teufelin« verflucht hat, ist er mit der Zeit immer ruhiger geworden. Mit stoischem Gleichmut scheint er seinem Ende entgegenzusehen.

Gertrude Durston, die Frau des Gefängnisdirektors, die mit ihrem Mann Charles Durston auf dem Gefängnisgrundstück lebt, will Kemmlers Seele retten. Sie liest ihm, der selbst nicht lesen kann, Geschichten aus der Bibel vor und schenkt ihm eine Bilder-Bibel zur geistlichen Erbauung. Das bleibt nicht ohne Folgen. Eines Nachts hört einer der Wächter, mit denen sich Kemmler angefreundet hat, den Gefangenen in seiner Zelle rufen: »Wer bist du dort oben? Was willst du von mir?« Und als der Wärter in die Zelle geht und Kemmler fragt, was los sei, erfährt er: »Ich sah einen Mann dort oben, der mir sagte, er sei Jesus Christus. Er hatte, oh, so ein gutes

Gesicht, und er sagte mir, dass er mir alle meine Sünden vergeben würde.« Auch später wird er dem Gefängniskaplan mehrmals mitteilen: »Ich liebe Jesus, und ich habe keine Angst.«

Doch als Kemmler Anfang August 1890 erfährt, dass seine Hinrichtung kurz bevorsteht, bricht er zusammen. Er verliert alle Hoffnung, eine tiefe Angst packt ihn. Manchmal wirft er sich verzweifelt auf seine Pritsche und stöhnt wie ein gefangenes Tier, das keinen Ausweg aus der Falle findet. Ständig achtet er auf alle Geräusche, die aus dem Hinrichtungsraum, der unmittelbar rechts neben seiner Zelle liegt, zu ihm dringen. Am meisten fürchtet er, dass die Todesmaschinerie fehlerhaft funktioniert und sein Sterben weder schnell noch schmerzlos geschieht.

Am Montag, den 3. August, strömen die Neugierigen herbei. Menschenmassen warten vor den Gefängnismauern von Auburn, um etwas von der Aura der ersten elektrischen Hinrichtung eines Menschen mitzuerleben. Telegrafensysteme werden eingerichtet, um den zahlreichen Reportern eine schnelle Berichterstattung an ihre Presseagenturen und Zeitungen zu ermöglichen. Im Gefängnis werden die letzten technischen Vorbereitungen getroffen. Das Apparat-System ist zwar einfach: ein Westinghouse-Wechselstromgenerator, der durch Drähte mit den Elektroden verbunden ist, die an Kemmlers Kopf und Rücken befestigt werden. Aber seine Installation ist recht kompliziert. Der Generator steht 300 Meter entfernt in einem Seitenflügel des Gefängnisses. Die Kontrolle des Stromflusses erfordert zahlreiche Messgeräte, Lampen, Hebel, Schalter und Stromanzeiger, die auf Schaltbrettern im Nebenzimmer des Hinrichtungsraums angebracht sind. Man einigt sich auf ein Signalsystem, das durch

Klingeln zwischen den beiden Orten vermittelt wird und anfällig ist für Missverständnisse.

Die Fachleute sind sich zunächst nicht sicher, wo man am besten die beiden Elektroden an Kemmlers Körper befestigen soll. Man entscheidet sich für die Schädeldecke und den unteren Rückenteil, an der Wirbelsäule. Auf einer kahl geschorenen Stelle des Kopfes soll eine Metallkappe befestigt werden, versehen mit einem feuchten Schwamm, damit der Schädel nicht gleich verbrenne. Und durch ein Loch in der hinteren Hosenseite soll die zweite Elektrode an Kemmlers Rücken angebracht werden, auch sie mit einem Stück Schwamm befeuchtet.

Die Autopsie der Leiche wird ebenfalls sorgfältig geplant. Die teilnehmenden Ärzte freuen sich, endlich an einem frisch Elektrokutionierten die unmittelbaren Effekte des tödlichen Stroms untersuchen zu können. Unsicher sind sie nur wegen des frühestmöglichen Zeitpunkts der Autopsie. Denn käme Kemmler nach dem Stromstoß wieder zurück ins Leben, während sie ihn gerade aufschneiden, könnten sie wegen Mordes angeklagt werden. Auch fürchten sie, dass der Körper des Toten nach dem Stromschlag so heiß sein könnte, dass sie sich daran die Finger verbrennen. Letztlich entscheiden sich die medizinischen Experten für eine Autopsie nach drei Stunden Leichenabkühlung.

Am Mittwoch, den 5. August, sind die Vorbereitungen abgeschlossen. Nachmittags zieht ein heftiges Gewitter über Auburn. Der dunkle Himmel wird von zahlreichen Blitzen erhellt, gefolgt von lautem Krachen. Tiefes Grollen erfüllt die Luft. Regengüsse überschwemmen die Stadt. Zahlreiche Menschen halten es für ein prophetisches Vorzeichen für das, was am nächsten Tag geschehen wird. Die Natur zeigt ihre ganze erhabene Kraft. Kemmlers Wärter werden später sagen, dass ihr Gefangener bei jedem Blitz und Donnerschlag erschrocken aufgesprungen sei. Am Abend teilen sich die Wolken und das Gefängnis strahlt im goldenen Glanz der untergehenden Sonne. Die Wolken leuchten purpurn und rot.

Am Morgen des 6. August 1890 betreten um 5:00 Uhr zwei Geistliche als erste Besucher das Gefängnis. Sie sollen dem zum Tode Verurteilten bei seinem letzten Gang zur Seite stehen. Kurz vor der Morgendämmerung erwacht Kemmler aus einem unruhigen Schlaf, als er auf der Treppe vor seiner Zelle Schritte hört. Immer wieder ist er durch die stündlichen Schläge der Kirchturmglocke daran erinnert worden, dass der Augenblick des Sterbens unaufhaltsam näher rückt. Er zieht die neue Kleidung an, die er während seiner Hinrichtung tragen soll. Vor allem legt er Wert darauf, dass die schwarz-weiß gemusterte Krawatte gut sitzt. Dann betritt Direktor Durston mit einigen offiziellen Begleitern Kemmlers Zelle. Ein letztes Mal liest Durston das Todesurteil vor, das Kemmler mit gebeugtem Haupt zur Kenntnis nimmt. »In Ordnung, ich bin bereit.«

5:50 Uhr. Es ist ein strahlend blauer Morgen in Auburn. Kein Wölkchen hindert die Sonne, ihre Strahlen in die Todeszelle zu werfen, während auf Kemmlers Kopf eine Tonsur geschoren wird, wo die Elektrode befestigt werden soll. Auch wird seine Hose auf der Rückseite aufgeschnitten. Zahlreiche Spatzen sind zu hören, die im Efeu der Gefängnismauer herumschwirren und fröhlich zwitschern. In der Nähe bellt der Bernhardiner von Getrude Durston. Um 6:00 Uhr nimmt Kemmler sein letztes Frühstück zu sich. Dann betet er noch kurz mit den beiden Geistlichen. Inzwischen sind die meisten der zwanzig Zeugen im Gefängnis angekommen, um der Hinrichtung beizuwohnen, darunter zwölf Ärzte, die sich dieses Experiment nicht entgehen lassen wollen. Auch der ehrenwerte Dr. Alfred P. Southwick, Zahnarzt in Buffalo und Erfinder des elektrischen Stuhls, ist dabei.

6:32 Uhr. Kemmler verabschiedet sich von einem Wärter, mit dem er sich angefreundet hat, und wird von seiner Zelle in den Hinrichtungsraum gebracht. Als er ihn betritt, wird er von Durston den anwesenden Zeugen vorgestellt. »Gentlemen, das ist Mister Kemmler.« Kemmler ist äußerst ruhig. Auch der elektrische Stuhl, den er nun zum ersten und letzten Mal sieht, scheint ihn nicht zu erschrecken. Es ist ein solide gezimmertes Möbel aus Holz, mit einer hohen Rückwand und zwei Armlehnen, an denen Schlaufen befestigt sind, um das Opfer festbinden zu können. Kemmler blickt die Zeugen an, als fühle er sich geschmeichelt, im Mittelpunkt der Aufmerksamkeit zu stehen. Er nutzt das Angebot, letzte Worte sprechen zu können. »Well, Gentlemen. Ich wünsche jedem von Ihnen viel Glück auf dieser Welt. Ich denke, dass ich jetzt zu einem guten Ort gehen werde und dass in den Zeitungen eine Menge geschrieben wurde, was nicht der Fall ist. Das ist alles, was ich zu sagen habe.«

Dann wird Kemmler auf dem Stuhl festgeschnallt. Durstons Hände zittern so sehr, dass er kaum die Bänder durch die Schlaufen ziehen kann. Kemmler ermahnt ihn: »Mein Gott, Direktor, können Sie nicht cool bleiben? Lassen Sie sich Zeit. Hetzen Sie nicht so. Prüfen Sie lieber, dass alles in Ordnung ist.« Kemmlers Kopf wird mit einem Lederband an der Rückseite des Stuhls festgebunden, damit er sich nicht bewegen kann. Auf seiner frisch geschorenen Schädeldecke wird die erste Elektrode befestigt. Die zweite Elektrode wird durch das Loch in der Hose am unteren Teil seiner Wirbelsäule angebracht. Dann werden auch seine Beine an die Stuhlbeine angeschnallt. Mehrere Ärzte bestätigen Durston, dass alles in Ordnung sei.

6:43 Uhr. »Good-bye, William«, sagt Durston, während er zwei Mal an die Tür zum Nebenraum klopft, in dem sich die Kontrollapparaturen der elektrischen Hinrichtungsmaschinerie befinden. Von dort werden zwei Klingelzeichen in den entfernt liegenden Generatorenraum gesendet, wo nun die Stromspannung so lange hochgefahren wird, bis schließlich im Nebenzimmer der Hebel umgelegt werden kann, um die elektrischen Todesstrahlen durch Kemmlers Körper jagen zu können. Kemmler versteift sich, als er das Geräusch des Hebels hört. Zwanzig Sekunden lang soll der Strom durch ihn hindurchfließen. Dr. Edward C. Spitzka, ein Gehirn-Experte aus New York, misst die geplante Zeitdauer mit einer Stoppuhr, während andere genau beobachten, was nun geschieht.

Zunächst werden Kemmlers Gesicht und Hände aschfahl, doch kurz darauf wechseln sie in ein dunkles Rot. Seine Finger krampfen sich um die Armlehnen. Der Zeigefinger seiner rechten Hand drückt sich so tief in den Handballen, dass der Nagel eine Wunde erzeugt, aus der Blut zu tropfen beginnt. Eine gewaltige Konvulsion erschüttert den Körper, der sich gegen die Fesselung aufbäumt. Kein Wort kommt über Kemmlers Lippen. Nach zehn Sekunden gibt der ärztliche Zeitnehmer das Zeichen »Stopp!«, das Durston den Technikern im Maschinenraum nebenan mitteilt, von wo es als einzelner Klingelton zum Generatorraum gesendet wird, damit dort der »deadly dynamo« abgestellt wird.

Insgesamt hat Kemmler siebzehn Sekunden unter Strom gestanden. Sobald der Stromkreis unterbrochen ist, entspannt sich sein Körper. Auf Zehenspitzen nähert sich

Dr. Spitzka dem Hingerichteten und studiert aufmerksam dessen Gesicht. »Er ist tot. Sehen Sie hier die fahle, beinahe weiße Stelle an der Nasenwurzel, wo das Band seinen Kopf fixiert.« Spitzkas Kollegen treten hinzu. Sie pressen ihre Finger auf Kemmlers Gesicht, um das Farbenspiel von Weiß und Rot zu beobachten, wenn sie ihre Finger wieder entfernen. »Das ist ein sicheres Zeichen. Er ist tot.« Andere Ärzte bestätigen die Diagnose. Die meisten Augenzeugen nicken erleichtert. »Das ist der Höhepunkt von zehn Jahren Arbeit und Forschung«, freut sich Dr. Southwick. »Von diesem Tag an leben wir in einer höher entwickelten Zivilisation.«

Da bemerkt ein Arzt, dass weiterhin Blut aus der Wunde an der rechten Hand pulsiert. Er schreit: »Großer Gott, er lebt!« Ein anderer: »Schaut, er atmet!« Alle sehen entsetzt, wie sich Kemmlers Brust rhythmisch hebt und senkt, begleitet von einem immer lauter werdenden krächzenden Geräusch.

6:47 Uhr. Dr. Spitzka schreit: »Schaltet den Strom ein! Schaltet ihn wieder ein!« Alles wiederholt sich. Durston rennt zur Tür und gibt erneut das Startzeichen, das vom Maschinenraum nebenan zur Dynamostation übermittelt wird, wo sich nun die Techniker bemühen, den Generator, der sich beim ersten Versuch aus seiner Halterung gelöst hat, mit Brettern zu fixieren und wieder zum Laufen zu bringen. Zwei lange Minuten vergehen, während die Zeugen das Grauen sehen müssen, das sich vor ihren Augen abspielt. Ein rosiger Schaum quillt aus Kemmlers Mund, Speichel sucht sich seinen Weg durch den dichten Bart und tropft auf die graue Jacke. Ein fürchterliches Stöhnen begleitet das gequälte Atmen des Körpers, der sich in den festgezurrten Lederbändern hin und her windet. Ein Zeuge wird ohnmächtig und fällt von seinem Stuhl.

Endlich hat der Dynamo wieder seine volle Geschwindigkeit erreicht. Das Messgerät zeigt 2000 Volt an. Wieder wird der Hebel umgelegt und der Stromkreis geschlossen. Niemand misst die Zeit der zweiten Elektrokution. Es sollen zwischen zwei und fünf Minuten gewesen sein. Während der Strom durch Kemmlers sich aufbäumenden Körper gejagt wird, verlieren die Schwämme an den beiden Elektroden ihre restliche Flüssigkeit und beginnen zu brennen. Beißender Geruch von verschmortem Fleisch und versengten Haaren durchzieht den Raum. Es stinkt nach Urin und Scheiße. Ein weiterer Beobachter des Horrors wird ohnmächtig, ein anderer erbricht sich. George T. Quinby, der bei der Gerichtsverhandlung in Buffalo gegen Kemmler als Ankläger erfolgreich war, verlässt zitternd und mit aufgerissenen Augen fluchtartig den Raum. »Strom ausschalten!«, schreit Dr. Spitzka. Durston leitet die Anweisung weiter. Dann ist es endlich vorbei. Kemmler ist tot. Direktor Durston löst die Elektroden ab und öffnet die Riemen, mit denen Kemmler an den elektrischen Stuhl gefesselt war. Es ist 6:54 Uhr.

Drei Stunden später findet die Autopsie der Leiche statt. Es werden Verbrennungen an Kopf und Rücken festgestellt. Blutgefäße im Schädel sind ausgetrocknet und verkohlt. Teile des Gehirns, das noch immer eine große Hitze ausstrahlt, während der restliche Körper erkaltet ist, haben gebrannt. Die Muskeln am Hintern sind »durch und durch gar gekocht«. Es wird festgestellt, dass Kemmler während der elektrischen Hinrichtung ejakuliert hat, die Spermien jedoch tot sind. Teile des Gehirns und Rückenmarks werden für spätere Untersuchungen entnommen.

Am nächsten Tag wird Kemmler sehr früh am Morgen still und heimlich auf dem Friedhof von Auburn beerdigt.

Ohne Zeremonie wird seine Leiche in ein Tuch gewickelt und in ein ausgehobenes Loch geworfen, wo sie mit ungelöschtem Kalk bedeckt wird.

Bereits wenige Stunden später sind die Zeitungen voll von Berichten über den Erfolg der ersten Hinrichtung auf dem elektrischen Stuhl. Es herrscht weitgehend Abscheu vor. Kemmlers Tod wird als fürchterliche Tortur beschrieben. »Weit schlimmer als der Galgen: Kemmlers Tod ein Grauen erregendes Spektakel«, titelt die *New York Times* am 7. August 1890. Doch die meisten medizinischen Fachleute vertreten die Ansicht, dass der Tod blitzartig und schmerzlos gewesen sei. Kemmlers Körper habe zwar schreckliche Reaktionen gezeigt. Er selbst aber habe dabei nichts empfunden, sondern sei sofort tot gewesen. Tod durch Elektrizität sei sehr wohl die humanste und praktischste Tötungsart. Dass einiges schiefgelaufen sei, damit sei bei einem ersten Versuch zu rechnen. Man müsse nur die Technik verfeinern, um den Horror zu verhindern.

Mit Kemmlers Hinrichtung begann eine makabre Geschichte der Elektrokution in den USA, der 1903 auch eine zum Tode verurteilte Elefantenkuh namens Topsy, die mehrere Wärter totgetrampelt hatte, zum Opfer fiel. Thomas Edison ließ das öffentliche Spektakel filmen: *Electrocution of an Elephant. Edison-Film. Coney Island 1903*. Man sieht zunächst, wie Topsy sich langsam von ihren Wärtern auf den Platz führen lässt, wo zahlreiche Neugierige hinter Absperrungen Platz genommen haben. Arglos stampft die delinquente Riesin zu ihrer Hinrichtungsstätte. An ihrem rechten Vorderbein und am hinteren linken Bein sind schwere stählerne Ketten befestigt. Auf metallischen Bodenplatten bleibt sie ruhig stehen. Dann beginnt der unsichtbare tödliche Strom über die beiden Ketten-Elektroden ihren Körper zu durchströmen. Man hat den Eindruck, dass sich ihre Muskeln verspannen, während ihr Körper reglos verharrt. An den Beinen fängt es zu qualmen an, bis der Koloss schließlich wie in Zeitlupe wuchtig zur linken Seite fällt und tödlich erstarrt.

Das letzte Wort zur Hinrichtung mittels Elektrizität soll Nikola Tesla gehören, dessen Erfindungen zur Konstruktion des Westinghouse-Wechselstromsystems geführt haben. Vier Jahrzehnte nach Kemmlers Hinrichtung erinnert er 1929 in der *New York World* an den Stromkrieg und seine tödlichen Effekte: »Edison und seine Gesellschafter bekämpften die Einführung meines Systems mit aller Macht und erhoben ein Geschrei aufgrund der ›Tödlichkeit‹ des Wechselstroms, der sich als sehr effektiv erwies und zur Einführung eines Typs von Maschine zur Elektrokution von Kriminellen führte, eines Gerätes, das vollkommen ungeeignet war, denn die armen Teufel werden nicht auf eine gnadenvolle Art und Weise getötet, sondern wahrlich bei lebendigem Leib geröstet. Für den Beobachter scheint ihr Leiden nicht lange zu dauern; aber man muss sich vor Augen führen, dass eine Person unter solchen Umständen völlig das Zeitgefühl verliert und einen scharfen Sinn für den Schmerz behält, wodurch eine Minute der Qual gleichbedeutend mit derjenigen einer ganzen Ewigkeit ist.«

4. DAS SCHICKSALHAFTE GEWITTER

»Noch Jahre später erzählte man sich in Colorado
Geschichten von der erstaunlichen,
die Welt auf den Kopf stellenden Nacht,
die dem vierten Juli 1899 vorausging.«
Thomas Pynchon

Colorado Springs, den 4. Juli 1899. Beobachtungen, die letzte Nacht gemacht wurden.

Schon seit einiger Zeit beobachte ich die Blitzentladungen und Donnerexplosionen über Colorado Springs eingehend und vergleiche sie miteinander. Oft habe ich sehen können, wie sich schwere Gewitter aufbauten und ihre ganze Macht demonstrierten. Erst vor wenigen Tagen ist meine Anlage von einem heftigen Blitzschlag und der Macht der donnernden Druckwelle erschüttert worden. Hätte ich eine leichtere Bauweise gewählt, so wäre sie aus ihren Fundamenten gerissen worden. Doch dieses Gewitter verblasst gegenüber dem, was nun auf mich zukommt.

Über der Gebirgskette im Westen hat sich eine dichte Masse aus dunklen, stark geladenen Wolken gebildet, die rasend schnell den kristallblauen Himmel verschlingt. Es ist später Abend und ein gewaltiger Sturm bricht los. Man kann schon aus der Ferne erkennen, wie er die schwarze Wolkenwand antreibt und die Umgebung immer dunkler werden lässt. Er rast über die baumlose Ebene und lässt die Station erbeben. Ungeheure Blitzentladungen bilden sich in fast regelmäßigen Abständen. Welch ein herrlicher Anblick! Fast ohne Pause findet das Aufblitzen statt. Einige besonders heftige und lang andauernde Entladungen sind von wunderbarer Brillanz und zeigen oft mehr als zwanzig Verzweigungen. Am unteren Ende scheinen sie dicker zu sein als oben. Aber vielleicht liegt das nur an meinem Beobachterstandpunkt in der Nähe des Bodens. Ich werde diesen überwältigenden Eindruck mein Leben lang nicht vergessen.

Wie gut, dass ich durch frühere Gewitter gelernt habe, meine Messgeräte schnell und effektiv einzusetzen. So bin ich jetzt ausgezeichnet vorbereitet und kann mein Aufnahmegerät sofort in Betrieb nehmen, als die Gewitterfront unaufhaltsam heranrollt. Ein Rotations-Kohärer zum Nachweis elektromagnetischer Wellen zeigt mir die Zunahme und das Abklingen der elektrischen Gewitterenergie an. Ich habe ihn zunächst nicht allzu fein eingestellt. Aber er reagiert bereits, als sich das Gewitter noch recht weit entfernt befindet. Als es näherkommt, muss ich ihn noch unempfindlicher machen, um ihn nicht zu überfordern. Denn immer stärker wird das Knattern des Kohärers, dessen elektrische Aufladung ich durch eine parallel geschaltete Funkenstrecke entlaste. Inzwischen ist es vorzeitig Nacht geworden. Unaufhörlich durchschneiden grellweiße Blitze die pechschwarze Dunkelheit. Auf meiner Netzhaut hinterlassen sie scharf konturierte Nachbilder, die sich überlagern, so schnell folgen die Blitze aufeinander. Dantes Inferno kann nicht großartiger gewesen sein.

Dann ist der Höhepunkt des Gewitters vorbei. Ich habe etwa zehn- bis zwölftausend Entladungen in den letzten beiden Stunden zählen können. Doch selbst jetzt, als der Sturm schon merklich abgeklungen ist, blitzt es noch immer etwa fünfzehn Mal pro Minute. Wie erwartet werden die Ausschläge des Aufzeichnungsgerätes immer schwächer und schwächer, je weiter das Gewitter wegzieht. Nach einer Neueinstellung, um es wieder empfindlicher zu machen, zuckt es nur noch ab und zu schwach auf. Als das Instrument völlig stillsteht, nehme ich an, dass sich die Blitze etwa 50 Kilometer weit entfernt befinden, und ich betrachte den Messvorgang als beendet.

Doch da geschieht etwas höchst Überraschendes! Unvermittelt beginnt das Relais wieder stärker und schneller zu ticken, obwohl sich der Sturm mit hoher Geschwindigkeit entfernt hat. Ich überprüfe das Gerät, das in Ordnung ist, und gehe nach draußen, um mich über den Abzug des Gewitters zu vergewissern. Es ist inzwischen fast außer Sichtweite.

Doch über mir nehme ich am dunkel gewordenen Himmel einen schwarzen Fleck wahr. Und noch bevor ich diese Wolkenform genauer betrachten kann, löst sich daraus ein greller weißer Strahl, der zuckend auf mich zurast. Ich sehe den Blitz noch in den Drahtzaun einschlagen, bevor sich alles in einer ungeheuren Blendung auflöst. Ein entsetzlich lauter Knall droht mein Gehirn platzen zu lassen. Die Explosion reißt mich von den Füßen und schleudert mich ein paar Meter entfernt zu Boden. Ein Nachzügler aus Thors blitzender und donnernder Streitmacht hat mir seine ungezügelte Kraft demonstriert …

Ich muss für kurze Zeit das Bewusstsein verloren haben. Als ich in die Station zurückkehre, stelle ich fest, dass nach dem ersten Erlöschen des Signals etwa eine halbe Stunde vergangen ist, bevor es wieder aufgetaucht und immer stärker geworden ist. Jetzt wird es wieder schwächer und verebbt bald ganz.

Aber nach einer halben Stunde, als vom Gewittersturm längst nichts mehr zu sehen ist, wiederholt sich der eigenartige Vorgang noch einmal. Erneut reagiert das Messgerät und zeigt elektromagnetische Entladungen an. Dann hört es wieder auf. Und nach einer halben Stunde schon wieder die gleiche Reaktion. Da ich nicht annehme, dass sich die Geschwindigkeit des Unwetters verringert hat, muss es nun schon etwa 300 Kilometer entfernt sein. Später in der Nacht kann ich noch mehrmals diese wunderbare periodische Wiederkehr des Gleichen in Intervallen von etwa einer halben Stunde feststellen, obwohl der größte Teil des Himmels bereits völlig wolkenlos und mit unzähligen Sternen übersät ist.

Es besteht kein Zweifel: Heute, bei diesem schicksalhaften Gewitter, habe ich zum ersten Mal »Stehende Wellen« beobachten können, die in gleichmäßigen Abständen abwechselnd Wellenberge und Wellentäler um ihre Wellenknoten bilden. Anders kann es nicht sein. Nur so lässt sich das periodische Auf und Ab meiner Messanzeigen erklären: Weil ich meinen Standort nicht verändert habe, wandern die Wellenfronten an meinem Messgerät vorbei, werden irgendwo zurückgeworfen und kommen nach einer bestimmten Zeit wieder an ihm vorbei. Befindet mein Instrument sich gerade in einem Wellenberg oder Wellental, zeigt es eine maximale Reaktion; wenn es dagegen in einem Wellenknoten liegt, ist seine Anzeige gleich null. Die regelmäßigen Intervalle des Zeitverlaufs bilden dabei die Länge dieser elektromagnetischen Wellen ab. Das ist die einzige vernünftige Erklärung der periodisch sich wiederholenden Ereignisse.

Stationär können diese Wellen nur sein, wenn sie reflektiert werden und eine Interferenz bilden. Auch daran besteht kein Zweifel. Es findet eine gegenseitige Beeinflussung der nach außen zum Reflektor laufenden und nach innen zum Ausgangspunkt zurückkehrenden Wellen statt, die sich in Resonanz mit ihrem Trägermedium befinden. Und so unmöglich es zunächst auch scheinen mag: Unser Globus verhält sich trotz seiner riesigen Ausmaße genauso wie ein leitendes Medium von begrenzten Dimensionen. Er ist ein Resonanzkörper, der eine bestimmte Schwingungsfrequenz besitzt, mit der er die Bildung der Stehenden Wellen ermöglicht.

Deren Ausgangspunkt ist klar. Es ist die Stelle in der Wolke, von der der leitende Blitzpfad ausgegangen ist. Aber von wo wird die Welle wie ein Echo reflektiert? Ich vermute, dass die Wellenfronten sich von ihrer Quelle ringförmig ausbreiten und den ganzen Globus bis zur gegenüberliegenden, antipodischen Seite umrunden oder durchqueren, um von dort reflektiert zu werden und mit praktisch unverminderter Stärke an den Ausgangspunkt zurückzukehren. Dabei prallen die ausgehenden und die reflektierten Ströme aufeinander und bilden die Wellenbäuche und -knoten, die den stationären Wellen eines schwingenden Seiles ähneln.

Das ist es! Die Erde ist ein riesiger Körper, vergleichbar einem elastischen Ball, der mit Wasser gefüllt ist. Bei ihm lassen sich stehende Wellen durch eine Pumpe erzeugen, die irgendwo auf dem Ball aufgesetzt ist und mit einem Kolben rhythmische Bewegungen erzeugt, die der Ball als Resonanzkörper aufnimmt. Er wird sich im Zeittakt so zusammenziehen und ausdehnen, wie die Pumpe pulsiert.

Wie es mit dem Wasserball und seiner Elastizität funktioniert, so werde ich es auch mit dem Erdball und seinen elektrischen Schwingungen machen. Als meine »Pumpe« setze ich einen Hochspannungs-Verstärkungs-Sender ein, der in der Lage ist, die gesamte Erdkugel im richtigen Rhythmus in elektrische Schwingung zu versetzen. Überall auf der Erde lassen sich dann Empfangsgeräte einrichten, welche die Energie der Wellen aus meinem Transmitter aufnehmen können, gleichgültig, ob sie sich auf der anderen Seite der Erdkugel oder nur zehn Zentimeter entfernt befinden.

Ich muss die Erde in elektrische Schwingungen versetzen! Dazu werde ich meine Beobachtungsgeräte so weit vervollkommnen, dass ich den elektrischen Puls der Erde genau messen kann. Und dann muss ich einen besonderen Transformator bauen, der den elektrischen Eigenschaften der Erdkugel exakt angepasst ist. Mit diesem wunderbaren Gerät werde ich elektrische Wellen erzeugen, auf die der Globus anspricht wie eine Stimmgabel auf eine bestimmte Tonhöhe. Ich muss die Eigenresonanz der Erde anregen, und vielleicht gelingt es mir sogar, durch gezielt wiederholte elektrische Impulse die Resonanzeffekte unseres Planeten je nach Bedarf so zu steigern, wie ich es für zweckmäßig halte.

Um mein Ziel zu erreichen, gibt es nur eine Möglichkeit. Ich muss weltweit Stehende Wellen erzeugen und die Naturgewalten mit ihrer riesigen Kraft nachahmen. Was mir bei diesem schicksalhaften Gewitter in meinem schrecklich lauten Laboratorium offenbart worden ist, muss ich in einem großen Experiment wiederholen, das die ganze Erde als Leitmedium benutzt. (*Das ist von größter Bedeutung!*)

Vor meinem inneren Auge sehe ich unermessliche Möglichkeiten heraufziehen. Die Natur hat mir eins ihrer größten Geheimnisse gelüftet. Die Tatsachen, die ich erkannt habe, zeigen mir, dass unsere Erde als Übertragungsmedium auf elektrische Weise konstruiert worden ist und funktioniert, um uns nun Wunder vollbringen zu lassen, die vor meiner Entdeckung nicht einmal in den kühnsten Träumen vorstellbar waren. Die Auswirkungen meines Wissens auf die Menschheit sind nicht absehbar.

Doch bevor ich der Weltöffentlichkeit einen ausführlichen Bericht vorlege, muss ich zunächst sehen, wie ich selbst künstlich die gewaltige Energie der Blitze erzeugen kann, die nötig ist, um mein System erfolgreich arbeiten zu lassen. Ich werde das außergewöhnlichste Hochspannungsexperiment unternehmen, das die Menschheit je gesehen hat. Ich werde gewaltige elektrische Energien sich entladen lassen, die größer sind als die Kräfte der natürlichen Blitze. Der dazu notwendige Verstärkungs-Transmitter steht in meinem Colorado-Kraftzentrum bereit. Er funktioniert im Prinzip wie eine überdimensionale Anordnung meiner Primär- und Sekundärspulen, wobei hochkonstante Stromstöße die induktiv gekoppelten Resonanzkreise zum Schwingen bringen. Die Leistungen schaukeln sich dann auf, bis der Hochspannungswert erreicht ist, den ich benötige. Ich denke zunächst an etwa 50 Millionen Volt. Die Colorado Springs Electric Company liefert mir den nötigen Strom. Kolman Czito, mein verlässlicher Assistent, wird die Geräte bedienen, während ich draußen vor dem Laboratorium stehe, von wo ich die Kupferkugel auf der Spitze des Sendemastes sehen kann. Todesangst werde ich keine haben. Denn ich habe allen Grund, mir zu gratulieren, dass ich während meiner bisherigen Experimente mit Strömen hoher Spannung und Frequenz zwar einige Male dem Tod ins Auge geblickt, inzwischen aber die potenziellen Gefahren so gut wie möglich ausgeschaltet habe. Auch hat Czito gelernt, seine Angst und extreme Nervenspannung zu kontrollieren. Zur Feier dieses besonderen Tages des Blitzes werde ich meinen eleganten Cutaway und einen noblen Hut tragen …

»Achtung Czito, jetzt!«

Kaum habe ich das Kommando gegeben, den Schalter für den Stromfluss umzulegen, schießt bereits der erste kurze, haarfeine Blitz aus der Kugel, rasch gefolgt von einer zwei, drei Meter langen leuchtenden Lanze. Und dann ein dritter, vierter, fünfter Blitz, jeder länger und strahlender als sein Vorgänger. Ich kann sie nicht mehr zählen. Sie folgen immer schneller aufeinander und werden immer langgezogener. »Ah!« Welch ein Schauspiel! Meine eigene Schöpfung! Vor Freude recke ich meine geballte Faust zum Mast empor.

Noch mehr Blitze! Immer größere! Die zuckenden Flammenschwerter gewinnen an Stärke und Länge. Drei, acht, zehn, fünfzehn, jetzt sogar zwanzig Meter! Es sind keine haarfeinen Funken oder Strahlen mehr, sondern fingerdicke Entladungen. Jetzt nehmen die blitzenden Flammen bereits die Dicke meines Armes an. Ich muss meine Augen gegen ihr hell leuchtendes Blau abschirmen. Herrlich sind diese fast permanent in den Himmel zuckenden Blitze und jagenden Feuerbälle, deren gewaltiges Krachen meinen Körper erschüttert. Nun müssen sie schon etwa 50 Meter lang sein. Das ganze Gebäude bebt unter dem Stakkato der donnernden Explosionen, als ob an seiner Spitze eine gewaltige Schlacht mit schwersten Artilleriewaffen toben würde.

Doch plötzlich ist es still. Eine gespenstische Ruhe erfüllt die Szene.

Ich eile ins Laboratorium. »Czito, Czito! Warum haben Sie das getan? Ich habe Ihnen nicht gesagt, den Strom abzuschalten. Schließen Sie wieder den Schalter, schnell!« Doch mein treuer Gehilfe deutet nur wortlos auf den Schalter. Er ist noch immer geschlossen. Dann zeigt seine Hand auf die Messinstrumente an der Schalttafel. Die Anzeigenadeln für die Spannung und die Stärke des Stroms stehen auf null. Die Hochspannung muss ausgefallen sein. Die Leitung vom Elektrizitätswerk zu meinem Labor ist tot.

»Czito, rufen Sie sofort das Elektrizitätswerk an. Das können die doch nicht tun. Die haben mir den Strom abgestellt!«

Czito geht zum Telefon und stellt die Verbindung her. Ich greife zum Hörer, um mich zu beschweren. »Hier spricht Nikola Tesla. Sie haben mir den Strom abgestellt, wozu Sie kein Recht haben. Schalten Sie ihn sofort wieder an!« Am anderen Ende der Leitung ist es still. Dann höre ich eine verwundert klingende Stimme. »Ihnen den Strom abgeschaltet? Von wegen. Sie haben mit ihrem verrückten Experiment, dessen Krachen und Blitzen wir bis hier gehört und gesehen haben, bei uns einen Kurzschluss erzeugt. Unsere ganze Anlage ist zerstört. Wir sind gerade dabei, Ihren Generator zu löschen. Strom bekommen Sie jedenfalls vorläufig keinen mehr.«

Die Welt ist voller Ignoranten. Den Wechselstromgenerator im Kraftwerk werde ich schnell repariert haben. Das ist doch nur ein Spielzeug im Vergleich zu dem, was ich vorhabe. Die Versuche in Colorado Springs sind kleine experimentelle Vorbereitungen für die Errichtung einer großen Station, von der aus ich die ganze Welt mit Informationsströmen und elektrischer Energie versorgen werde. Seit dem großen, schicksalhaften Gewitter weiß ich, wie es funktioniert. Ich habe schon die Konstruktionspläne für die Sendeanlage als klare Bilder in meinem Kopf, und ich werde ein eigenes Kraftwerk bauen, das mir die Energie liefert, die ich brauche. Wann werde ich meinen Plan verwirklicht haben? Dass ich ihn realisieren kann, habe ich in Colorado Springs bewiesen. Ich bin bereit für den Bau eines großen Werks, von dem ein

Strom mit einer Spannung von 100 Millionen Volt durch den Erdball rauschen wird! Ich werde die Energie von hundert Niagarafällen, verbunden zu einem riesigen Wasserfall, zur Verfügung haben, deren Schläge die Welt erschüttern werden, Schläge, die noch die verschlafensten Elektriker auf dem Mars oder der Venus, falls es dort welche gibt, aus ihrem Schlaf reißen werden!

Das ist kein Traum. Es ist eine einfache Leistung der wissenschaftlichen Elektrotechnik, nur teuer und großen Einsatz fordernd. Ach, blinde, kleinmütige Welt! Die Menschheit ist noch nicht weit genug entwickelt, um sich von dem kühnen Forschergeist des Entdeckers führen zu lassen. Doch wer weiß. Vielleicht ist es in einer Welt wie der unseren besser, dass eine revolutionäre Idee oder Erfindung durch fehlende Mittel, durch selbstsüchtiges Interesse, durch Dummheit und Unwissenheit behindert und misshandelt wird, statt unterstützt und gehätschelt zu werden; dass sie durch bittere Prüfungen und Leiden hindurchgehen muss und einen herzlosen ökonomischen Kampf überstehen muss. So gelangen wir zum Ziel. Denn auf diese Weise wurde alles Große in der Vergangenheit lächerlich gemacht, verdammt, bekämpft und unterdrückt – um schließlich desto mächtiger und triumphaler aus dem Kampf hervorzugehen!

5. ANAMNESE: DEMENTIA SPECTRALIS

»Wenn nun dein Leib ganz licht ist, dass er kein Stück von Finsternis hat, wie wenn ein Licht mit hellem Blitz dich erleuchtet.«
Evangelium nach Lukas, 11,36

Endlich kann er selbst zu Wort kommen. Man ist bereit ihm zuzuhören. Lange genug war er nicht enden wollenden und völlig fruchtlosen neurophysiologischen Untersuchungen ausgeliefert. So viel diagnostischer Unsinn war den Testergebnissen zugeschrieben worden. Die meisten Fachbegriffe waren ihm derart fremd, dass er selbst nach mehrfacher Lektüre nur ahnen konnte, worum es sich bei seinen außergewöhnlichen Erlebnissen handeln könnte. Doch jetzt kann er endlich sagen, was tatsächlich mit ihm der Fall ist. Ruhig nimmt er auf dem Stuhl in dem fensterlosen, hell gestrichenen Raum Platz, dessen kaltes Licht von zwei Strahlern an der Decke kommt. Heute befinden sich nur wenige Personen in dieser lichten Kammer. Aus seinen Augenwinkeln kann er Dr. Edward Spitzka sehen, mit dem er sich in den letzten Wochen über seine Arbeit in Wardenclyffe unterhalten hat. Wenigstens Spitzka scheint zu verstehen, womit er experimentiert hat. Er wird seine statuarische Haltung während der Anhörung nicht aufgeben und sich bemühen, stets sachlich und mit ruhiger Stimme zu antworten, während der Mann vor ihm auf und ab läuft und ihn mit seinen Fragen aus der Ruhe zu bringen versucht.

»Mr. Tesla, beschreiben Sie uns die stationären Einrichtungen, die sich im Laboratorium ihres Turms befinden.«

»Nun, sind Maschinen stationäre Einrichtungen?«

»Ja, wir bezeichnen das als stationäre Einrichtungen.«

»An der Rückwand sind fünf große Behälter, die spezielle Transformatoren enthalten, die nach meinen Plänen von der Westinghouse Electric Manufacturing Company hergestellt worden sind. Sie können die Energie des Kraftwerks in die gewünschte Stärke umwandeln. In der Nähe der Tür befinden sich meine Stromerzeugungsinstrumente, äußerst komplizierte und teure Geräte, die ich auch schon in Colorado Springs für eine Radiostation benutzt habe, mit der ich Nachrichten drahtlos über den Atlantik senden konnte.«

»Wir verhandeln hier nicht über ihre Radio-Experimente in Colorado Springs, sondern über den Aufbau und Zweck des Wardenclyffe-Turms auf Long Island.«

»Ja, entschuldigen Sie bitte. Ebenfalls in Türnähe gibt es noch elektrische Kondensatoren, welche die Energie speichern und entladen können, um sie um die Welt gehen zu lassen. Und von der Westinghouse Company ist außerdem ein Stahlbehälter gebaut worden, der eine sehr raffinierte Anordnung von Spulen enthält, mit der man jede beliebige gewünschte Energieregelung vornehmen kann.«

»Beschreiben Sie Ihren Turm, vor allem hinsichtlich seiner Ausmaße und Konstruktionsweise.«

»Der Turm ist 56 Meter hoch, aus bestem Bauholz gefertigt. Aus Gründen der Stabilität ist er achteckig und pyramidenförmig gebaut worden. Auf seiner Spitze trägt er ein pilzförmiges Terminal, wie ich es in zahlreichen Veröffentlichungen beschrieben habe.«

»Es ist eine Kugel auf der Spitze?«

»Ja, aufgrund meiner Entdeckungen ist sie dort angebracht worden, um hohe Elektrizitätsmengen speichern und senden zu können. Sie wiegt etwa 50 Tonnen.«

»Aus welchem Material besteht sie?«

»Aus Stahl, zusätzlich verkleidet mit bestimmten Platten, wobei die Elektrotechniker bis heute noch nicht ganz verstehen können, wie ich damit Energien unerhörten Ausmaßes zu senden vermag.«

»Unter ihrem Turm befindet sich ein kompliziertes Fundament mit einem tiefen Schacht. Skizzieren Sie uns diesen Bau.«

»Das Loch ist 36 Meter tief und mit Eisenrohren ausgefüllt, durch die der Strom eine Verbindung zur Erde hat. Das ist der teuerste Teil der Anlage, den man am Turm zwar nicht erkennen kann, der aber zum Turm gehört. Das System des Fundaments habe ich erfunden, um die Maschine mit dem Boden so verbinden zu können, dass sie die Erde in Schwingung versetzen und den ganzen Erdball beben lassen kann.«

»Was ist der Zweck dieses Turms?«

»Also, der Hauptzweck meines Turms besteht darin, drahtlos um die ganze Welt telefonieren zu können. Information und Kommunikation sind der Schlüssel zur Zukunft.«

»Und weshalb benötigen sie dazu die ungeheuren Energiemengen, über die ihre Turmkonstruktion verfügen kann?«

»Ich musste die elektrische Energie ins Riesige steigern, um Marconi, diesen Piraten, der meine Patente für seine Radioentwicklung gestohlen hat, aus dem Feld zu schlagen. Mein ›Welt-Telegrafen-Zentrum‹ zur drahtlosen Nachrichten- und Energieübertragung benötigt eine gigantische Kraft, um jeden beliebigen Ort der Welt erreichen zu können. Der Wardenclyffe-Turm wird der Mittelpunkt von ›Radio City‹ sein, der Hauptstadt meines ›Welt-Systems‹.«

»Die Übertragung, die Sie bereits 1893 entworfen haben, soll dabei quer durch die Erdkugel verlaufen, wenn ich Sie richtig verstanden habe?«

»Ja, das ist meiner Erkenntnis zufolge der effektivste Weg. Wir können die elektrischen Ladungen und Schwingungswerte des Globus ausnutzen, um Informationen und Energien in beliebiger Menge zu übertragen. Aber ich habe auch beobachten können, dass die Atmosphäre, die normalerweise ein hochgradiger Isolator ist, unter bestimmten Bedingungen leitend wurde und in die Lage versetzt werden konnte, elektrische Energie in beliebiger Menge und industriellem Maßstab zu übertragen.«

»Welche Erfahrungen haben Sie auf diesem Gebiet, Dr. Tesla?«

»Ich habe bald dreißig Jahre in diesem Bereich gearbeitet und dabei alle grundlegenden Prinzipien erforschen können. Die meisten meiner Erfindungen habe ich patentieren lassen. Sie betreffen neue Systeme von mehrphasigen Wechselstrommotoren und Hochfrequenztransformatoren, von Maschinen zur Übertragung von elektrischer Energie, von unterschiedlichen Beleuchtungssystemen, Radioapparaturen, schaufellosen Turbinen und drahtlos gesteuerten Teleautomaten, die als Roboter, ferngelenkte Luftfahrzeuge oder Unterseeboote nützlich sein können. All das habe ich hergestellt und damit experimentiert. Auch ein System zur Kommunikation mit den Bewohnern auf dem Mars habe ich bereits erfolgreich testen können.«

»Sie haben Nachrichten von fremden Planeten erhalten?«

»Ja, regelmäßige Zeichen im Dreier-Rhythmus. Sie waren offensichtlich extraterrestrischen Ursprungs und von intelligenter Herkunft. Das Gefühl in mir wächst ständig, dass ich der Erste gewesen bin, der die Grüße eines anderen Planeten gehört hat. Hinter diesen Signalen lag ein Zweck. Ihre Bedeutung habe ich allerdings noch nicht entziffern können. Dass wir auf einen anderen Planeten eine Nachricht senden können, ist jedenfalls sicher; dass wir eine Antwort erhalten, ist wahrscheinlich: Der Mensch ist nicht das einzige Lebewesen in der Unendlichkeit, das mit Verstand ausgestattet ist.«

»Können Sie uns etwas zu Ihrer Erfindung sagen, mit der Sie Gedanken fotografieren zu können glauben?«

»Es ist kein Glaube, sondern eine feste Überzeugung, die ich bereits 1893 durch Experimente gewinnen konnte. Ich habe erforscht, wie eine geistige Vorstellung, die durch Gedanken erzeugt wird, visualisiert und durch einen bestimmten Reflex auf der Netzhaut als entsprechendes Bild abgebildet werden kann. Von dort lässt es sich dann mit einem geeigneten Gerät aufzeichnen. So habe ich eine Gedankenlesemaschine entwickelt, die wie ein Fotoapparat arbeitet.«

»Dr. Tesla, halten Sie sich für einen seriösen Wissenschaftler?«

»Ich verstehe nicht, warum Sie mich das fragen.«

»Ich will es Ihnen sagen. Ich habe hier und möchte es als Beweismittel Nummer 36 vorlegen, ein Bild des allseits bewunderten Science-Fiction-Künstlers Frank R. Paul. Es zeigt ihren Turm, um dessen Kugelpilz ein gewaltiger heller Lichtkranz leuchtet. Er scheint die Flugzeuge, flügellosen Raumfahrzeuge, Raketen und Schiffe mit Energie zu versorgen oder zu bombardieren. Es scheint Krieg zu herrschen; denn zahlreiche Objekte explodieren oder stürzen ab, getroffen von den gebündelten Todesstrahlen ihres Wardenclyffe-Turms. Das ist reine futuristische Fantasie. Oder nicht?«

»Mr. Paul ist mir bekannt. Ich schätze seine Arbeit sehr.«

»Ist er von Ihnen zu seinen Bildern angeregt worden oder gab es einen entsprechenden Auftrag?«

»Er sollte ausmalen, was ich erfunden habe. Er sollte mit seiner hervorragenden Bildfantasie die mögliche Entwicklung darstellen, zu der meine Erfindungen und Erkenntnisse führen können.«

»In wessen Auftrag?«

»Das war Hugo Gernsbacks Idee, mit dem Frank Paul oft zusammengearbeitet hat. Er hat ja auch mehrere Cover von Gernsbacks Zeitschrift *Electrical Experimenter* gestaltet.«

»Sie haben recht, Mr. Tesla. Auch das Wardenclyffe-Bild schmückt eine Ausgabe dieser Zeitschrift. Und Sie werden es ja auch nicht zufällig als zentrales Motiv für Ihren eigenen Briefkopf gewählt haben. Sie rechnen sich also selbst zur Science Fiction und nicht zur ernsthaften Wissenschaft?«

»Hugo Gernsback ist ein durchaus respektabler und sachkundiger Elektroexperimentator.«

»Aber er ist vor allem ein Autor von fantastischen Zukunftsromanen. Ich erinnere Sie nur an seine schöne Fabel *RALPH 124 C 41 PLUS*, in der Sie und Ihr Ultra-Starkstrom-Sendeturm die Hauptrolle spielen.«

»Ich bin nicht Ralph, und auch keine andere Fantasiegestalt. Ich bin Dr. Nikola Tesla, dessen Erfindungen die Welt verändern werden. Nehmen Sie zur Kenntnis, dass alles, was ich sage und tue, aus einer tiefen wissenschaftlichen Neugier stammt, die mir Unerhörtes zu leisten ermöglicht, das Sie mit Ihrem beschränkten Verstand niemals verstehen werden.«

»Nicht ich bin hier der Befragte, sondern Sie. Gestatten Sie mir also freundlicherweise den Hinweis, dass Sie auch Ihre Autobiografie mit dem Titel ›Meine Erfindungen‹ für den *Electrical Experimenter* von Hugo Gernsback geschrieben haben, der als Herausgeber einleitend festgestellt hat, dass er Sie nicht nur für den größten Erfinder der Welt hält, sondern auch, ich zitiere, für ›keinen gewöhnlichen Sterblichen‹, der ein sehr wunderliches Leben geführt hat und von den Ärzten mindestens drei Mal aufgegeben und für tot erklärt worden ist. Ich lege dieses bemerkenswerte Dokument als Beweismittel Nummer 37 vor. Entspricht dieser Lebens- und Forschungsbericht den Tatsachen, Dr. Tesla?«

»Selbstverständlich. Jedes Wort ist wahr.«

»Dann darf ich Sie ja auch ohne Bedenken zitieren.«

»Bitte sehr.«

»Sie schreiben unter anderem, dass Sie schon in Ihrer Kindheit an einem seltsamen Leiden litten. Sie halluzinierten quälende Bilder, die oft von starken Lichtblitzen begleitet waren. Diese Lichtblitze haben Sie Ihr ganzes Leben verfolgt und waren Ihnen unerklärlich. Sie berichten, dass oft die gesamte Luft um Sie herum mit lebendigen, flammenden Zungen erfüllt ist und Ihr Gehirn in Flammen steht. Ist das noch immer der Fall?«

»Ja, so fühle ich es.«

»Weiterhin schreiben Sie, dass Sie mehrmals in der Nähe des Todes waren und zahlreiche nervöse Zusammenbrüche hatten, wobei Sie viele fremdartige und unglaubliche Dinge erlebten. Was Sie dabei alles durchmachen mussten, übertreffe alle Vorstellungen. Auch Ihre erfinderischen Gedanken sollen Ihnen wie Lichtblitze gekommen sein, durch die sich Ihnen augenblicklich die Wahrheit offenbarte. Ihre Ideen sind also Krankheitszeichen. Habe ich Sie da richtig verstanden?«

»Nein, meine Ideen und Erfindungen haben ihren eigenen Wert. Sie sind keine Zeichen. Sie sind praktisch umsetzbar und dienen zur Steigerung der menschlichen Energie.

Dass sie oft während meiner Nervenkrisen in mir auftauchen, spielt für ihre Effektivität und Richtigkeit keine Rolle. Und einige Nervenzusammenbrüche hatte ich nur, weil ich zu viel gearbeitet habe.«

»Dr. Tesla, stimmt es, dass Sie Ihren Körper wiederholt hohen Strahlendosierungen ausgesetzt haben? Selbstexperimente sollen Sie besonders mit Ihren Hochfrequenzströmen unternommen haben. In einem Ihrer Zeitungsinterviews sprechen Sie von Spannungen bis zu 300.000 Volt. Wie fühlt sich das an, wenn man mehrere hunderttausend Volt durch seinen Körper jagt?«

»Die Ströme müssen selbstverständlich hochfrequent sein. Niederfrequente Wechselströme können äußerst schmerzhaft sein und auch zum sofortigen Tod führen. Wenn man bei meinen Strömen vorbereitet ist, ist der Nerveneffekt nicht allzu groß. Am Anfang fühlt man ein leichtes Brennen, das sich bald kaum noch bemerkbar macht. Elektrische Schwingungen extrem hoher Frequenz wirken auf außerordentliche Weise auf den menschlichen Körper ein. Ich erinnere mich noch heute gern daran, wie ich 1891 eine Entladung einer jener leistungsstarken Induktionsspulen, die man heute nach meinem Namen ›Tesla-Spulen‹ nennt, durch meinen Körper leitete, um vor einer wissenschaftlichen Vereinigung die Auswirkungen von sich schnell ändernden elektrischen Schwingungen aufzuzeigen.«

»Haben Sie auch Ihren Kopf solchen Strahlungen ausgesetzt?«

»Selbstverständlich. Ich habe oft meinen Kopf in die Nähe der elektrischen Entladungen gebracht, ohne dass ich etwas gespürt oder irgendwelche Verletzungen davongetragen habe.«

»Sind Sie dabei von Ärzten untersucht worden?«

»Nein.«

»Ich möchte als Beweismittel Nummer 38 die *New York Times* vom 18. Oktober 1907 vorlegen. Stimmt es, Dr. Tesla, was ich dort nachlesen konnte, dass Sie Ihren Kopf mit Strahlen beschossen haben, um Ihr Gehirn zu stimulieren?«

»Ja, ich habe Strom mit 150.000 Volt durch meinen Kopf geschickt und habe dabei mein Bewusstsein nicht verloren. Ich bin nur eine kurze Zeit später in einen lethargischen Schlaf gefallen. Darin sehe ich eine wunderbare Heilkraft der Zukunft. Die heilsamen Effekte der elektrischen Energie sind noch kaum entdeckt. Ich kann nur sagen, dass ich selbst keinerlei Schaden davongetragen habe, im Gegenteil. Meine geistige Gesundheit hat sich, wenn ich mich den Strahlen regelmäßig aussetzte, mehr oder minder beträchtlich verbessert.«

»Sie halten sich also für geistig völlig gesund?«

»Ohne jeden Zweifel. Jedenfalls habe ich meine geistige Energie durch Elektrizität in einem so übermenschlichen Maße steigern können, um davon absolut überzeugt zu sein, dass für die Vorwärtsbewegung der Menschheit nur dieser Weg offensteht.«

»Dr. Tesla, Sie können Ihren Platz verlassen. Danke für Ihre offenherzigen Auskünfte.«

Die Fachleute für Nervenheilkunde benötigen nur einen Tag, um ihre Gutachten anzufertigen und ihr abschließendes Urteil zu fällen. »Dr. Nikola Tesla verbleibt bis auf Weiteres im Psychiatrischen Landeskrankenhaus des US-Staates New York. Suffolk City, 26. Januar 1922.«

6. DER MANN, DER DIE TAUBEN LIEBTE

»Als ich sie ansah, begriff ich sofort, was sie mir sagen wollte – sie würde bald sterben. Und dann, als ich dies verstanden hatte, erstrahlte ein Licht in ihren Augen – ein unbeschreibliches Licht.«

Nikola Tesla

»Bald werde ich ganz tot sein«, denkt er. Ach, was spielt das für eine Rolle. Er ist schon oft gestorben. Nun hat er vielleicht noch einen Monat zu leben, jedenfalls in diesem Winter wird es so weit sein, dessen eisige Kälte in seinen Gliedern sitzt. Es wäre dann Februar, denn das neue Jahr hat gerade erst begonnen. Er wundert sich, als er sich plötzlich laut sagen hört, ohne es gewollt zu haben: »Mein Kopf wird zuletzt sterben.«

Der hagere alte Mann steht aufrecht und bewegungslos in der Mitte des Zimmers, das er kaum noch verlässt. Manchmal steht er mehrere Stunden so da, wie festgenagelt, und zeigt keinerlei Reaktion. Dann kann man sein Zimmer aufräumen, ohne dass er es zu bemerken scheint. »Es ist das letzte Zimmer, in dem ich lebe«, denkt er sich. »Eines Tages befand ich mich hier.« Es ist eins jener vielen Hotelzimmer, die er sein Leben lang bewohnt hat. Aber dieses ist doch etwas Besonderes. Denn hier hat man nichts gegen seine vielen gefiederten Freunde einzuwenden, die so oft einen unfreiwilligen Umzug von einem Hotel ins andere mit sich brachten. Mehrere schöne Käfige stehen in seinem Zimmer, in denen sich jeweils zwei Tauben befinden, um die er sich liebevoll kümmert. »Die Käfige habe ich selbst gebaut«, denkt er für sich nicht ohne Stolz. »Meine Lieblinge sollen es gut bei mir haben, sich ausruhen können, immer etwas zu essen und zu trinken haben. Und wenn sie krank sind, pflege ich sie. Für ihr Bad habe ich extra kleine Becken angefertigt, die hinter Vorhängen versteckt sind.«

Schon seit zehn Jahren lebt Nikola Tesla im Hotel »New Yorker«, Zimmer 3327. Es ist Anfang Januar 1943. Sanctus Januarius. Im Juli würde er 87 Jahre alt werden. Doch heute Nacht, allein in seinem dunklen Zimmer, fühlt er, dass er zum letzten Mal sehen wird, was ihm seit seiner Kindheit die größte Freude bereitet. Durch das große Fenster seines Zimmers im dreiunddreißigsten Stock hat er freie Sicht auf den Himmel, der sich am späten Abend zu verdunkeln begann. Obwohl es ein kalter Januartag ist, ziehen schwarze Gewitterwolken über Manhattan. Schon von Weitem hört Tesla das dumpfe Grollen des Donners, auch wenn seine Ohren nicht mehr so empfindlich sind wie früher. Als er 1899 seine Experimente in Colorado Springs durchführte, konnte er den Donner aus einer Entfernung von 800 Kilometern hören. Er gehörte zu den auserwählten Sensitiven, deren Sinne aufs Äußerste geschärft sind. Vor allem während seiner Nervenzusammenbrüche war seine Wahrnehmungsfähigkeit extrem gesteigert. Dann konnte er das Ticken einer Uhr hören, die mehrere Räume von ihm entfernt war. Und eine Fliege, die sich auf dem Tisch in seiner Küche niederließ, erzeugte einen dumpfen Schlag in seinen Ohren. Vorbei.

Jetzt freut er sich auf das bevorstehende himmlische Feuerwerk. Als es zu blitzen beginnt, schlägt er begeistert seine knochigen Hände zusammen, als spende er Beifall für einen

Künstler, der ihn mit Zaubereien in seinen Bann zieht. Seine Augen strahlen, während er Länge und Ladung der Blitze zu bestimmen versucht. Er ist glücklich, auch wenn er leise zu sich sagt, dass er es hätte besser machen können, in Erinnerung an die Blitzentladungen, die er vor einer Ewigkeit in seinem Laboratorium in Colorado Springs selbst erzeugt hat.

Als das Gewitter vorübergezogen ist, bleibt Tesla zunächst wie in Totenstarre stehen. Er hat seine Augen geschlossen, um die Bilder deutlicher sehen zu können, die, wie er glaubt, durch die Blitze in seinem Kopf erzeugt worden sind. Er sieht sich selbst, wie er in einem Park steht, der von einigen Lampen nur schwach erleuchtet ist.

Es ist Nacht. In seiner ganzen imposanten Größe, mit einem eleganten schwarzen Mantel und weißen Handschuhen bekleidet, steht er da. Dann pfeift er ein paar Mal, und von überall kommen die Tauben zu ihm herbeigeflattert. Er hat eine kleine braune Papiertüte dabei, in der sich Raps-, Hanf- und Kanariensamen befinden, die er mit einer eleganten Geste auf den Boden zu streuen beginnt. Aus seiner rechten Manteltasche greift er sich mehrere Erdnüsse. Jetzt sind es schon etwa zwanzig seiner Lieblinge, die vor seinen Füßen herumhüpfen und das ausgestreute Futter aufpicken.

Er streckt seine beiden Arme aus wie der gekreuzigte Christus, wobei er seine Hände einladend öffnet. Zwei Tauben lassen sich auf seinem Kopf nieder. Andere flattern auf seine Hände. Bald sitzt ein gutes Dutzend seiner geliebten Vögel auch auf seinen Schultern und Armen. Zu seinen Füßen hat sich ein grauer Teppich aus Hunderten von Vögeln gebildet. Lange bleibt der Vogelmensch in dem Park stehen, den Tesla nun auch wiedererkennt. Es ist der Bryant Park in der Nähe der öffentlichen Bücherei von New York, sein

Lieblingsplatz in Manhattan, wo er einst viele Nächte zugebracht hat, um Tauben zu füttern, verwundert angestarrt von den wenigen Nachtschwärmern, die keine Angst vor der Dunkelheit des Parks hatten.

Während das Bild der vielen Tauben, die seinen Körper bevölkern, sich langsam auflöst und in den Hintergrund verschwindet, drängt ein einzelner wunderschöner Vogel immer stärker in den Vordergrund. Er glaubt ihn zu erkennen, weil er so einzigartig ist unter all den vielen Tauben, die sich zu einem konturlosen Grau vermischen. Es ist, wie er spürt, *seine* Taube. Tränen laufen seine Wangen hinab, und er wundert sich, dass seine Augen dazu noch in der Lage sind in diesem ausgedörrten Körper, der ihm fremd geworden ist. Er versucht nicht zu begreifen, was geschieht. Es findet statt, aber die dazu gehörende Empfindung ist ihm fremd.

Er hat vergessen, warum er weint. Aber sein Verstand will sich damit nicht zufriedengeben. Auch wenn er weit entfernt ist von den Bildern, die auftauchen, sich überlagern und verschwinden, wie sie es wollen, so verfügt er doch noch über einen Rest von Logik. »Weine ich, weil ich noch einmal dieses wunderbare Wesen sehe, oder weine ich, weil ich nicht mehr weiß, woher es gekommen ist und was es für mich bedeutet?« Schlecht gefragt, versucht er sich zu beruhigen. »Ich will es nicht wissen, es muss mir gleichgültig sein. Ich will diese Bilder enden lassen, mich aus Altersschwäche tot stellen, nur schlafen und den sanften Tod spüren, der schon so lange auf mich wartet.«

Nikola Tesla weiß zwar noch, dass er über die Jahre hinweg immer Tauben gefüttert hat und ihnen auch in seinen Zimmern eine Heimat geboten hat. Es müssen Tausende gewesen sein. Doch er fürchtet sich, an diese eine besondere Taube zu denken, die große Liebe seines Lebens. Wo auch immer sich Tesla in Manhattan gerade aufhielt, diese wunderschöne weiße Taube mit den hellgrauen Tupfen auf ihrem Gefieder kam stets zu ihm. Er brauchte es sich nur zu wünschen und sie zu rufen. Er erkannte sie unter Tausenden. Er glaubte sie vollkommen zu verstehen und fühlte sich von ihr vollkommen verstanden. Doch das ist vorbei. Ungreifbar hat es sich in seinem Gedächtnis versteckt. Auch hat er vergessen, wie er einst seinem Freund John O'Neill in einer ruhigen Ecke im Hotel »New Yorker« diese Liebe gestanden hat.

»Ich liebte diese Taube. Ja. Ich habe sie geliebt, wie ein Mann seine Frau liebt. Und auch sie liebte mich. Wenn sie krank war, kam sie aus dem nächtlichen Dunkel in die Finsternis meines Zimmers geflogen und erfüllte es mit einem blendenden Licht. Sie blieb tagelang bei mir, und ich pflegte sie, bis sie wieder gesund war. Diese Taube war die Freude meines Lebens. Wenn sie mich brauchte, war mir alles andere unwichtig und gleichgültig. Wenn sie bei mir war, hatte mein Leben einen Sinn.

Eines Nachts kam sie durchs offene Fenster in mein Zimmer geflogen. Sie setzte sich auf den Tisch. Ich wusste, dass sie mich brauchte. Sie wollte mir etwas Wichtiges sagen, und ich ging zu ihr.

Als ich sie ansah, verstand ich, was sie mir sagen wollte. Und dann erstrahlte ein Licht in ihren Augen, ein unbeschreibliches Licht, wie ich es noch nie gesehen hatte. Es war ein mächtiges, überwältigendes, blendendes Licht. Es war weit heller als alles, was ich jemals mit den hellsten Lampen in meinen Laboratorien erzeugt habe.«

Noch immer steht Tesla reglos in seinem Hotelzimmer. Dunkel beginnt er sich an seine Liebesgeschichte zu erinnern, die er, wie er fürchtet, bald ganz vergessen haben wird, wie so vieles. Stumm weint er. Schlafen will er, um sein Vergessen vergessen zu können. Allein. Er war immer allein und einsam gewesen. Er hat niemals einen anderen Menschen intim berührt, weil er so viel hatte leisten müssen, wovon ihn die Hinwendung zu einer anderen Person nur abgelenkt hätte.

Draußen ist es Nacht geworden. Er blickt in einen schwarzen Himmel ohne Sterne. Keine Gedanken mehr. Keine Bilder. Nur schlafen.

Am nächsten Morgen sitzt Tesla auf der Kante seines Betts, die Hände auf den Knien, und starrt mit gesenktem Kopf vor sich hin, als Alice Monaghan, das Zimmermädchen auf dem 33. Stockwerk des »New Yorker«, sein Apartment betritt, um ein wenig Ordnung zu machen. Sie kann nicht wissen, ob er sie bemerkt oder ob sie nur ein schwaches Bewegungsbild auf seiner Netzhaut ist, das nicht genügend visuelle Energie besitzt, um sein Gehirn zu erreichen. Tesla blickt sie nicht an. Sie erschrickt, als sie den bewegungslosen Körper plötzlich mit klarer und deutlicher Stimme sprechen hört: »Miss Alice, sagen Sie Kerrigan von der Western Union, er soll sofort zu mir kommen.« Sie läuft aus dem Zimmer, um den Wunsch dieses sonderbaren alten Mannes zu erfüllen, den viele, wie sie weiß, für den genialsten Erfinder aller Zeiten halten.

Bereits eine halbe Stunde später ist der blau uniformierte Botenjunge bei Tesla, für den er ab und zu kleinere Aufträge erfüllt. Tesla sitzt noch immer reglos auf der Bettkante. Aber jetzt hält er in seiner rechten mageren Hand, zwischen Zeigefinger und einem überlangen Daumen, der weiter vorsteht als alle anderen Finger, einen verschlossenen weißen Umschlag, den er dem jungen Kerrigan wortlos überreicht. Auf dem Brief steht eine Adresse: »Mr. Samuel Clemens. 35 South Fifth Avenue. New York City«.

Tesla muss nicht sagen, was Kerrigan zu tun hat, der sich sofort auf den Weg macht, aber schon bald wieder zurückkommt, um dem alten Mann, der seine Sitzposition nicht verändert hat, mitzuteilen, dass er den Brief nicht zustellen konnte, weil es weder eine South Fifth Avenue gebe, noch in der Nachbarschaft der Nummer 35 in der Fifth Avenue ein Samuel Clemens bekannt sei. Tesla erwacht aus seiner Starre. Erst jetzt scheint er Kerrigan wirklich wahrzunehmen. Was ist das für ein dummer Junge, der da vor ihm steht! Er beginnt hektisch zu atmen, sein Mund öffnet sich, seine Lippen bewegen sich, ohne dass etwas zu hören ist. Plötzlich bricht es aus ihm heraus. »Samuel Clemens ist ein anderer. Es ist Mark Twain, mein Freund, der in Camelot am Hof von König Artus war und alle Ritter getötet hat. Du musst ihn finden. Schnell, schnell!« Dann fällt er in seine schweigsame Starre zurück.

Kerrigan ist verwirrt. Er weiß nicht, was er tun soll, und kehrt zur nahe gelegenen Zentrale der Western Union zurück, wo er sein Problem seinem Vorgesetzten schildert, der das Ganze sofort durchblickt, den Botenjungen damit aber nur noch mehr verwirrt: »Natürlich konntest du die South Fifth Avenue nicht finden. Schon vor vielen Jahren wurde sie in West Broadway umbenannt. Und in 35 South Fifth Avenue wohnte auch nicht Mark Twain. Das ist das alte Gebäude, in dem sich Teslas erstes Labor in New York City befand, das er vor vielen Jahren in die Luft gejagt hat. Und auch Mark Twain ist ja schon seit Ewigkeiten tot. Er starb 1910, wenn ich mich recht erinnere.« Kerrigan geht zurück ins »New Yorker«, um Tesla mitzuteilen, was er gerade erfahren hat. Er fühlt sich hilflos und weiß nicht, wie er die richtigen Worte finden soll, um Teslas Irrtümer aufzuklären. Schließlich entscheidet er sich, nur die Todesnachricht zu überbringen.

»Mark Twain soll tot sein? Warum lügst du? Letzte Nacht war er hier in meinem Zimmer. Er saß dort auf dem Stuhl in der Nähe der Taubenkäfige. Wir haben uns eine Stunde lang unterhalten. Er war wie so oft in Geldnöten. Er braucht meine Hilfe. Du musst ihm den Umschlag mit dem Geld geben! Also liefere das Geld ab …« Er macht eine längere Atempause, während ihn Kerrigan verwundert anschaut, um dann mit leisem Tonfall zu enden: »… oder behalte es.«

Nachdem der Botenjunge ihn verlassen hat, bleibt Tesla lange Zeit auf der Kante seines schmalen Betts sitzen. Dann steht er auf, gequält von der Steifheit seiner Glieder. Er achtet sorgfältig darauf, die Knie richtig zu beugen und hoch konzentriert einen Fuß passend vor den anderen zu setzen. Nur nicht stürzen. Aber er will nicht ständig daran denken, wie er gehen muss.

Der Mensch ist eine Maschine, beruhigt er sich selbst. »Ich bin ein Automat, der mit der Fähigkeit zur Bewegung ausgestattet ist.« Dann ist er in der Mitte seines Zimmers angekommen, wo er starr stehen bleibt und durch das große Fenster auf das Häusermeer von Manhattan blickt, das heute von einer strahlenden Sonne beschienen wird. Und während er seinen Blick in den Himmel richtet, fällt plötzlich ein anderes Licht in seine Augen, das sie übermenschlich zum Leuchten bringt und in seinem Geist ungesehene Bilder von erhabener Großartigkeit erzeugt.

Er sieht sich und Mark Twain auf einem weiten Feld, hell erleuchtet von zahlreichen künstlichen Sonnen. »Himmel, was für ein Anblick«, murmelt er leise vor sich hin. Und jetzt endlich versteht er nicht nur, sondern empfindet auch, was ihm seine geliebte weiße Taube mit den hellgrauen Tupfen einst sagen wollte – sie würde bald sterben.

Wenige Tage später, früh am eisig kalten Morgen des 8. Januar 1943, will das Zimmermädchen Alice Monaghan in Nikola Teslas Apartment ihre Arbeit machen. An der Tür von 3327 hängt ein Schild mit der Aufschrift »Bitte nicht stören«, das sie ignoriert. Sie öffnet die Tür. Der Erfinder liegt tot in seinem Bett. Sein eingefallenes, ausgezehrtes Gesicht strahlt eine tiefe Ruhe aus.

7. TODESSTRAHLEN

»Mit allen Mitteln sollte verhindert werden,
dass feindliche Mächte Zugang zu
Teslas Forschungsunterlagen erhalten.«
John G. Trump

Abschließende Bewertung der Forschungen Nikola Teslas / 30. Januar 1943

Zunächst muss ich anmerken, dass keine Prüfung der ungeheuren Mengen von Teslas Materialien stattgefunden hat, die sich zehn Jahre lang bis zu seinem Tod in großen Kisten im Keller des Hotels NEW YORKER befunden haben. Auch seine privaten Papiere wurden nicht untersucht, mit Ausnahme derjenigen, die sich zum Zeitpunkt seines Todes in seinem unmittelbaren Besitz befanden. Ich möchte daran erinnern, dass Teslas Ansehen als Wissenschaftler schon seit vielen Jahren verblasst ist, und dass es mehrere Versuche gegeben hat, seine Patentansprüche auf Wechselstrommotoren, Robotik und Radioübertragung anzuzweifeln.

Als ein Ergebnis meiner Untersuchung der vielen Kisten voller Papiere und Apparaturen, die sich im Waren- und Lagerhaus von Manhattan befinden, und des Widerstands-Messgeräts, das bereits ab 1933 im Tresorraum des Hotels GOVERNOR CLINTON aufbewahrt worden ist, kann ich wohlüberlegt feststellen, dass sich unter Dr. Teslas Unterlagen und Besitz keine wissenschaftlichen Notizen, keine Beschreibungen bis heute unbekannter Methoden oder Geräte und auch keine Apparate befinden, die von wissenschaftlichem Wert für dieses Land wären oder eine Gefahr heraufbeschwören könnten, wenn sie in falsche Hände gerieten. Ich kann deshalb keinen technischen oder militärischen Grund finden, warum die weitere Beschlagnahme des Eigentums aufrechterhalten werden sollte.

Für Ihre Akten wurde Ihnen ein Stoß von verschiedenen schriftlichen Dokumenten Dr. Teslas zugeschickt, die recht vollständig die waffentechnologischen Ideen abdecken, mit denen er sich während seiner späteren Lebensjahre beschäftigt hat. Diese Dokumente sind nummeriert und in der Anlage zu diesem Bericht kurz zusammengefasst.

Es soll selbstverständlich keine Abwertung dieses ausgezeichneten Ingenieurs und Wissenschaftlers sein, dessen Beiträge auf dem Gebiet der Elektrotechnik am Ende des vergangenen Jahrhunderts beträchtlich waren, wenn ich feststelle, dass Dr. Teslas Gedanken und Bemühungen zumindest während der letzten fünfzehn Jahre seines Lebens vornehmlich von spekulativem, philosophischem und irgendwie werbendem Charakter waren. Sie betrafen oft die Erzeugung und drahtlose Übertragung von Energie, aber sie entwickelten keine neuen Inhalte, anwendbaren Grundsätze oder Methoden, um solche Vorstellungen zu verwirklichen. Mit meiner wissenschaftlichen Reputation kann ich dafür einstehen, dass Dr. Teslas Papiere nichts enthalten, was für die Kriegsführung wichtig wäre oder dem Feind helfen könnte, wenn es in seine Hand fallen würde.

Aus den genannten Gründen empfehle ich, den Nachlass von Dr. Nikola Tesla zunächst dem »Office of Alien Property, OAP« (Behörde für Ausländisches Vermögen) auszuhändigen, um ihn nach einer gerichtlichen Anhörung, da der Verstorbene kein Testament hinterlassen hat, möglichst bald einem seiner Erben übergeben zu können.

Dr. John G. Trump, Professor für Elektrotechnik am MIT (Massachusetts Institute of Technology), Direktor und Gründer des Hochspannungs-Forschungslabors am MIT

Bericht für das Kriegsministerium, Militärischer Geheimdienst MIS. Streng geheim. Betr.: Nikola Tesla / Todesstrahlen-Projekt

Das Zimmermädchen Alice Monaghan betrat Nikola Teslas Apartment im Hotel NEW YORKER, Zimmer 3327, früh am Morgen des 8. Januar 1943. Sie fand den 86-jährigen Erfinder tot in seinem Bett liegend. Der stellvertretende Leichenbeschauer H. W. Wembly stellte fest, dass der Tod etwa um 22:30 Uhr am 7. Januar eingetreten war und Tesla im Schlaf ereilt hatte. Als Todesursache nahm er eine Thrombose in den Koronargefäßen an. Er konnte keine Verdachtsmomente für einen ungewöhnlichen Todesfall feststellen. Fremdeinwirkung schloss er aus.

Als Erster wurde Geheimagent Kenneth M. Swezey, der seit fast zwanzig Jahren Teslas uneingeschränktes Vertrauen besaß, über dessen Tod in Kenntnis gesetzt. Seine Agententätigkeit für den Military Intelligence Service, die er bereits 1925 als 19-jähriger Wissenschaftsautor aufgenommen hat, um aus erster Quelle über die Forschungen des damals bereits 70-jährigen Elektroingenieurs informiert zu werden, hat sich als äußerst erfolgreich erwiesen. Als engster Freund und hilfreicher Assistent des Erfinders war er nicht nur über dessen Arbeit stets ausgezeichnet informiert, hatte Zugang zu all seinen schriftlichen und technischen Materialien und konnte auch mehrmals Papiere mit nach Hause nehmen, in denen Tesla ballistische Flugeigenschaften und neue Waffentechnologien beschrieben hatte. Er war auch einer der wenigen, die Bescheid wussten über Teslas sonderbare Eigenarten und persönliche Schwächen. Vor allem war ihm als Homosexuellem ein tiefer Einblick in Teslas Gefühlswelt möglich, sodass er geschickt die homophilen Neigungen seines Zielobjekts nutzen konnte, das sich nur vor ihm völlig nackt gezeigt haben soll.

Nachträglich ist noch einmal auf die äußerst erfolgreiche Arbeit von Agent Swezey hinzuweisen, die er 1931 anlässlich des 75. Geburtstages Teslas geleistet hat. Durch seinen Einfall, Wissenschaftler und Ingenieure auf der ganzen Welt für eine Geburtstags-Gedenkschrift zu gewinnen, ist es ihm gelungen, einen großen Teil des globalen Netzwerks freizulegen, in das Tesla vor allem mit seinen militärisch relevanten Forschungen eingebunden war. Ich verweise in dieser Hinsicht noch einmal auf mein Gutachten zu dem von Swezey organisierten Gedenkband, vor allem zu den Beiträgen von Albert Einstein und Georg Graf von Arco. Durch Swezey sind wir auch genauestens informiert worden über die Material-Kisten, die von Tesla im Lager- und Warenhaus von Manhattan eingelagert worden sind, ebenso über die brisanten Forschungsnotizen, Unterlagen und Apparaturen, die sich im Schließfach Nr. 103 des Hotels GOVERNOR CLINTON befanden, in dem Tesla damals wohnte, bevor er 1933 ins Hotel NEW YORKER umgezogen ist, wo er die letzten zehn Jahre seines Lebens zubrachte.

Nachdem Kenneth M. Swezey über Teslas Tod informiert worden war, telefonierte er zunächst mit dem serbischen Pädagogik-Professor Dr. Paul Radosavljević von der New

Yorker Universität, der daraufhin das Hauptquartier des exilierten serbischen Königs Peter II. in der Fifth Avenue 745 benachrichtigte. Ebenfalls informiert wurde Teslas Neffe Sava Kosanović, früherer serbischer Botschafter in New York und seit Beginn des Krieges Präsident des Ost- und Zentraleuropäischen Planungsstabes für die Balkanländer. (Zu Kosanović, der sich zunehmend vom exilierten König distanzierte und dem kroatischen kommunistischen Partisanenführer Josip Broz Tito annäherte, siehe Dossier K 326, Kriegsministerium, Militärischer Geheimdienst; siehe auch FBI-Direktor J. Edgar Hoovers Memorandum »Spionage«, die unklare politische Position von Kosanović betreffend, der mit König Peter, dem Kommunisten Tito, den kroatischen, mit Mussolini und Hitler assoziierten Faschisten, nicht zuletzt auch mit der Sowjetunion sympathisiert haben könnte.) Danach erst wurde das FBI gerufen, das seit Beginn des Krieges ein verstärktes Interesse daran hat, Teslas Forschungsergebnisse zu kennen und vor dem Zugriff feindlicher Mächte zu schützen.

Schon bald nach Entdecken der Leiche am Morgen des 8. Januar 1943 betrat Agent Kenneth M. Swezey zusammen mit Teslas Neffen Sava Kosanović und George Clark (Direktor des Museums und Forschungslaboratoriums der »Radio Corporation of America« / RCA) das Apartment 3327 im Hotel NEW YORKER. Kosanović erklärte, dass er vor allem ein Testament seines verstorbenen Onkels gesucht, aber nicht gefunden habe. Dann ließen sie einen Schlosser kommen, um den mit einem unbekannten Nummerncode versehenen Safe aufzubrechen, in dem Tesla wichtige Papiere, elektrotechnische Formeln, Modellzeichnungen und Forschungsunterlagen aufbewahrte. Ebenfalls im Safe befanden sich die goldene Edison-Medaille, die der Erfinder 1917 vom

Amerikanischen Institut der Elektroingenieure für seine herausragenden Entdeckungen erhalten hatte, sowie der 1931 von Swezey organisierte Gedenkband mit Ehrenbezeugungen anlässlich Teslas 75. Geburtstag.

Zum Glück gelang es Geheimagent Swezey, als er diesen Sammelband aus dem Safe herausholte, heimlich einen Schlüssel mit der Nummer 103 an sich zu nehmen, der sich zwischen den Seiten der Festschrift befand. Dabei vermutete er bereits zutreffend, dass es sich hierbei um den Schlüssel zu dem sicheren Ablagekasten handelte, von dem ihm Tesla mehrmals erzählt hatte. Er befand sich im Schließfachraum des Hotels GOVERNOR CLINTON, das Tesla zehn Jahre zuvor verlassen musste, weil er seine Rechnungen nicht bezahlen konnte und dem Hotel bereits 400 Dollar an Miete schuldete. Als Pfand will er dem Hotel damals das Arbeitsmodell einer äußerst gefährlichen Maschine überlassen haben, das mindestens 10.000 Dollar wert sei.

Danach wurde der Safe wieder verschlossen und mit einer neuen Zahlenkombination versehen, die nur Kosanović kannte.

Noch am gleichen Tag, dem 8. Januar 1943, wurde der FBI-Agent Fredrich Cornels beauftragt, einen Bericht über den Stand von Nikola Teslas Arbeit an dessen ›Todesstrahlen‹-Projekt anzufertigen, über das seit einigen Jahren Gerüchte kursierten. Cornels nahm diesbezüglich sofort Kontakt zu zwei Elektroingenieuren auf, die mit Tesla zusammengearbeitet hatten, um sich über seine *Strahlenkanone* zu informieren. (F. Cornels, FBI-Report, 9. Januar 1943.) Zugleich wurde das New Yorker Büro des FBI von der Washingtoner Zentrale aufgefordert, Kosanovićs Legitimität zu klären, den Safe aufbrechen zu lassen. Unter Einschaltung des New Yorker Staatsanwalts sollte ferner diskret überprüft werden, ob Kosanović wegen Einbruchs verhaftet werden könnte, um so an die verschiedenen Papiere gelangen zu können, die er möglicherweise aus dem Safe entwendet hatte. Es sollte verhindert werden, dass Teslas waffentechnologische Erfindungen an feindliche Mächte gelangten. Auch sollte das Erbschaftsgericht kontaktiert werden, um Zugangssperren zu allen Besitztümern Teslas einrichten zu können, die in der Folge nur noch in Gegenwart eines FBI-Beamten aufgesucht werden dürften.

Da Cornels von seinen Kontaktleuten erfuhr, dass Teslas Ideen keine sachhaltigen, experimentell durchgeführten Forschungen zugrunde lagen, sondern es sich dabei nur um äußerst vage, nicht bestätigungsfähige Spekulationen handelte, verlor das FBI sein Interesse, sodass schon am 9. Januar Cornels Vorgesetzter, der Stellvertretende Direktor der Außendienstabteilung des New Yorker FBI-Büros D. E. Foxworth, empfahl, Teslas gesamten Nachlass der Behörde für Ausländisches Vermögen (Office of Alien Property, OAP) zu überlassen, was auch umgehend in die Wege geleitet wurde. Die Idee, Kosanović wegen Einbruchs festzunehmen, wurde fallengelassen. Das FBI sah keinen Grund, weiter in Teslas Hinterlassenschaft herumzuwühlen.

Zur gleichen Zeit musste Agent Swezey äußerst schnell handeln, um an die schriftlichen Notizen und das Gerät gelangen zu können, die sich im Hotel GOVERNOR CLINTON befanden. Am Morgen des 8. Januar, kurz nach Auffinden des Verstorbenen, hatte er aus dem Safe in Teslas NEW YORKER-Hotelzimmer den Schlüssel zu jener mysteriösen Kiste entwendet, die seit 1933 im Schließfachraum des GOVERNOR CLINTON aufbewahrt worden war. Schon am Mittag des gleichen Tages gelang es Swezey mit Unterstützung eines Hotel-Managers, der gelegentlich für den MIS arbeitet, Zugang zur Box Nr. 103 zu bekommen. Wie erwartet, war er im Besitz des richtigen Schlüssels. Es war ein ausgezeichneter Einfall Swezeys, ein harmloses Standard-Messgerät zur Stromwiderstandsprüfung mitgebracht zu haben, das er gegen das von Tesla hinterlegte Arbeitsmodell seines Teilchenbeschleunigers austauschen konnte, den Tesla ihm gegenüber als eine neuartige »Geheimwaffe« bezeichnet hatte, die zur Beendigung aller Kriege dienen könnte.

Einen Tag später, am 9. Januar, wurde der junge Rechtsanwalt Irving Jurow vom OAP beauftragt, zusammen mit vier offiziellen Staatsbeamten alle hinterlassenen Besitztümer des Verstorbenen, die sich im Hotel NEW YORKER befanden, in das Waren- und Lagerhaus von Manhattan zu bringen, wo sich bereits 29 alte Koffer befanden, die Tesla dort um 1934 deponiert hatte. Sie packten Teslas gesamte NEW YORKER-Hinterlassenschaft (12 Metallkisten, 1 Stahlschrank, 35 metallische Büchsen, 5 Fässer und 8 Koffer) auf zwei Lastwagen und überführten sie in die beiden Räume 5J und 5L des Manhattan Storage Warehouse.

Dann besuchten Jurow und seine Begleiter mit einem Taxi die verschiedenen Hotels, in denen Tesla im Lauf der Jahre gelebt hatte, unter anderem das ST. REGIS und das WALDORF-ASTORIA, um dort nach hinterlassenen Besitztümern zu suchen. Für Jurow stellte sich die ganze Maßnahme als völlig überzogen dar. Er hatte bis zu Teslas Todestag noch nie von diesem sonderbaren Menschen gehört, den er für einen »Schnorrer« hielt, der seine Hotelrechnungen nicht bezahlte. »Er muss verwirrt gewesen sein, weil er die meiste Zeit damit verbrachte, Tauben zu füttern und zu pflegen«, bemerkte Jurow seinen Begleitern gegenüber. Da er jedoch die Tragweite der ganzen Geschichte nicht überblickte, wandte er sich an die mächtige »Westinghouse Electric and Manufacturing Company«, mit der Tesla früher zusammengearbeitet hatte, und erhielt zu seinem Erstaunen die Nachricht, dass es ohne Teslas Patente zur Konstruktion und zum Ausbau des Wechselstrom-Systems dieses Unternehmen überhaupt nicht geben würde. Aus diesem Grund hatte die »Westinghouse Company« an Tesla monatlich 125 Dollar für seine technische Beratung gezahlt und war die letzten zehn Jahre auch voll und ganz für seine Miete im Hotel NEW YORKER aufgekommen.

Erst nach Abschluss des Einsammelns von Teslas Besitz wurde ich offiziell als der am besten qualifizierte Fachmann zur Begutachtung von Teslas Forschungsmaterialien hinzugezogen. In Begleitung von drei Undercover-Agenten des Militärischen Geheimdienstes und zwei Mitgliedern der Behörde für Ausländisches Vermögen (OAP) habe ich mir am 26. und am 27. Januar einen Überblick über das im »Manhattan Storage« aufbewahrte Material verschafft. (Zur Information über meine Vorgehensweise verweise ich auch auf den »OAP-Report« von Charles Hedetneimi, Leitender Investigator der Zentrale in Washington, 29. Januar 1943.) In meinem abschließenden Bericht für das »National Defense Research Committee« (NDRC) vom 30. Januar habe ich festgestellt, »dass Dr. Teslas Papiere nichts enthalten, was für die Kriegsführung wichtig wäre oder dem Feind helfen könnte, wenn es in seine Hände fallen würde.« Auch habe ich empfohlen, den gesamten Nachlass den Erben zu übergeben, was mittlerweile auch geschehen ist. Seit Anfang Februar befindet er sich in den Händen von Sava Kosanović.

Recht amüsant gestaltete sich dabei meine »Entdeckung« der höchst gefährlichen »Geheimwaffe«, die sich seit 1933 im Schließfach Nr. 103 des Hotels GOVERNOR CLINTON befunden haben soll. Zusammen mit Charles Hedetneimi von der Washingtoner OAP-Zentrale besuchte ich das Hotel, um dort die Kiste zu untersuchen, die Tesla als Pfand für unbezahlte Rechnungen in Höhe von 400 Dollar hinterlassen hatte. Hotelmitarbeiter zeigten uns zunächst den handgeschriebenen Brief, in dem Tesla bestätigt hatte, dass er sein Gerät als Sicherheit für die geschuldete Miete hinterließ, und dass es 10.000 Dollar wert sei. Zugleich erinnerte uns die Hotelgeschäftsleitung an Teslas Warnung, dass dieser Apparat eine Geheimwaffe sei, die explodieren würde, wenn das Behältnis von einer nicht autorisierten Person geöffnet würde. Nachdem wir den Tresorraum betreten und das geheimnisvolle Paket aus dem recht großen Schließfach herausgenommen hatten, verließen der Hotelmanager und einige Mitarbeiter prompt den Raum.

Zwar wusste ich, dass Agent Swezey den Inhalt der Box erfolgreich ausgetauscht hatte, musste aber dennoch einen beunruhigten Eindruck machen, um keinen Verdacht bei Hedetneimi zu erregen. Ich zögerte also und sagte zu meinem Begleiter vom OAP, wie viel schöner es jetzt wäre, draußen zu sein, wo doch so gutes Wetter sei. Dann hob ich die Schließfach-Box auf einen Tisch und tat so, als müsste ich meinen ganzen Mut zusammennehmen, um sie zu öffnen. Innen befand sich eine glattpolierte Holzkiste, deren Deckel mit Messingscharnieren versehen war. Ich tat überrascht und erleichtert, dass die »Geheimwaffe« nur ein mehrere Jahrzehnte altes Gerät war, das zur elektrischen Wheatstone-Brückenwiderstands-Messung benutzt werden konnte, ein allgemeines Standardmodell, wie man es vor der Jahrhundertwende in jedem elektrotechnischen Labor finden konnte.

Die Geschäftsführung des Hotels war zwar erleichtert, dass es sich bei Teslas Apparat um keine explosive Geheimwaffe gehandelt hatte, aber doch auch enttäuscht über den geringfügigen Wert dieses eigenartigen Pfandes. Warum hatte es Tesla für nötig befunden, den Angestellten des GOVERNOR CLINTON mit solch einem harmlosen Objekt jahrelang Angst einzujagen? Ich konnte nur daran erinnern, dass Tesla schon immer etwas exzentrisch und zu sonderbaren Scherzen aufgelegt gewesen sei.

In den beiden letzten Wochen habe ich in meinem MIT-Labor Teslas prototypisches Arbeitsmodell seiner Strahlen-Kanone, das Swezey aus der Holzkiste im Schließfach Nr. 103 auf geschickte Weise entwendet hatte, einer genauen technischen Prüfung unterzogen. Auch die diesbezüglichen Zeichnungen und Funktionsbeschreibungen habe ich genauestens studiert. Als Ergebnis meiner Untersuchungen schlage ich dem MIS des Kriegsministeriums vor, dieses waffentechnologische Meisterwerk Nikola Teslas als *Projekt Nick* mit der Stufe höchster Geheimhaltung zu behandeln und seine Effektivität einer weitreichenden Überprüfung zu unterziehen. Schon jetzt kann ich mit fester Überzeugung mitteilen, dass es sich bei Teslas Waffensystem um eine revolutionäre Erfindung handelt, die sowohl für eine erfolgreiche Kriegsführung als auch für eine hochgradig sichere Verteidigungsmaßnahme hervorragend geeignet ist. Denn mit ihr lassen sich nicht nur feindliche Zielobjekte in großen Entfernungen zerstören. Sie ermöglicht auch den Aufbau eines Schutzschildes aus elektrischer Strahlenenergie, die für jeden Angreifer ein unüberwindliches Hindernis darstellt, wie eine ›Chinesische Mauer aus elektrischen Strömen‹.

Bei Teslas »Todesstrahlen« handelt es sich im strengen Sinn nicht um eine Strahlung, deren unvermeidliche Streuung Tesla zufolge auf weitere Entfernung notwendigerweise so groß wird, dass die eingesetzte Energie verloren geht. Dieser Streuungsnachteil der bekannten Strahlungsenergie kann nur dadurch überwunden werden, dass die eingesetzte Energie vom Sender mit riesiger Geschwindigkeit auf mikro-miniaturisierte Teilchen übertragen wird. Die Strahlenkanone ist also eigentlich eine Hochleistungs- und Hochspannungs-Partikelkanone, die ein konzentriertes Bündel von streuungsfreien, geladenen Teilchen auf mögliche Ziele in großer Distanz feuern kann, und zwar mit einer Geschwindigkeit von etwa sechzehn Kilometern pro Sekunde. Nach meinen Kapazitätsberechnungen des vorliegenden Tesla-Apparats ist es bereits heute möglich, mit ihm einen hochenergetischen, gerichteten Teilchenstrom blitzartig auf Flugzeuge oder Panzer in zehn Kilometern Entfernung zu richten, um ihren stählernen Schutzmantel zu durchdringen und sie durch Entzündung ihres Kraft- oder Sprengstoffs zerbersten zu lassen. Für Soldaten wären die Todesstrahlen auf praktisch jede Entfernung innerhalb ihrer maximalen Reichweite tödlich.

Tesla selbst berechnete, dass sein gerichteter Blitzstrahl alles zerstören könnte, was sich innerhalb seines Radius von 400 Kilometern befindet. Doch das ist, wie gesagt, nur die Entfernung, die bereits gegenwärtig erreicht werden kann. Die grundlegenden Ideen gehen über diese Dimension weit hinaus. Ihrer wesentlich weiter reichenden Verwirklichung stehen zurzeit nur technische Schwierigkeiten, aber keine grundsätzlichen theoretischen Probleme im Wege. Reichweiten von mehr als 10.000 Kilometern sind nicht unrealistisch.

Tesla hat schriftlich ausgearbeitet, wie die Technik weiterentwickelt werden kann, um eine konzentrierte, nicht streuende Energie durch natürliche Medien zu projizieren. Ein Dokument, das sich bereits ab 1933 in der Box 103 im Hotel GOVERNOR CLINTON befand, informiert sehr präzise über die Methode, wie dieser kohärente Strom geladener Teilchen hergestellt und auf seine Zielobjekte gerichtet werden kann, wobei die folgende Notiz die zentrale Idee skizziert:

»Um mein Ziel konzentrierter Energieübertragung zu erreichen, war die elektrostatische Abstoßung das einzige Mittel, und es mussten Geräte mit gewaltiger Leistung entwickelt werden. Aber vorausgesetzt, dass mit einem einzigen Strahl aus winzigen Teilchen eine ausreichend hohe Geschwindigkeit und Energie erreicht werden kann, würde es selbst in der größten Entfernung zu keiner Streuung kommen. Da es möglich war, den Querschnitt der Trägerteilchen auf eine fast mikroskopische Größe zu verringern, konnte unabhängig von der Entfernung eine gewaltige Energiekonzentration erreicht werden. Durch die Verwendung meiner Entdeckungen und Erfindungen ist es möglich, die Abstoßungskraft gegenüber den bisher bekannten Verfahren um mehr als das Millionenfache zu steigern, und was bis zum jetzigen Zeitpunkt unmöglich war, kann nun mühelos erreicht werden.«

Die erfolgreiche Ausführung des Plans schließt eine Reihe mehr oder weniger wichtiger Verbesserungen ein, wobei vor allem die folgenden vier Innovationen als bahnbrechend beurteilt werden müssen: 1. Die neue Form einer Hochvakuumröhre, die nach außen zur Atmosphäre offen ist, aber das Eindringen eines Gasstroms durch den dynamischen Druck des nach außen projizierten Energiestroms verhindert. 2. Vorrichtungen, um auf ein winziges Teilchen eine extrem hohe Ladung übertragen zu können. 3. Ein neues Sendeterminal, das relativ geringe Ausmaße, dabei aber eine riesige Spannungskapazität besitzt, die sich auf jeden beliebigen Wert erhöhen lässt. 4. Ein neuartiger Hochspannungsgenerator, der mit ionisierten Luftströmen arbeitet, deren elektrische Ladung von der Sendespitze abgezogen wird und das Terminal auflädt.

Bereits am 11. Juli 1934 war spektakulär in der NEW YORK TIMES über Nikola Teslas »Todesstrahlen« (*death ray*) berichtet worden: *Tesla, 78 Jahre alt, enthüllt neuen »Todesstrahl«. Erfindung leistungsstark genug, um 10.000 Flugzeuge in einer Entfernung von 400 km zu zerstören. NUR DEFENSIVWAFFE. Der Wissenschaftler berichtet in einem Interview von einem Gerät, das töten kann, ohne Spuren zu hinterlassen.* Seine Andeutungen waren jedoch so fantastisch, dass man sie für reine Träumereien hielt. Nach sorgfältiger Prüfung des entwendeten Arbeitsmodells, das wie eine Miniaturausgabe des geplanten Teilchenbeschleunigers funktioniert, und der diesbezüglichen Forschungsunterlagen kann ich jedoch abschließend feststellen, dass Nikola Teslas Todesstrahlen für die nationalen Interessen der USA von unschätzbarer Bedeutung sind. Ihr Einsatz als Angriffs- und Verteidigungswaffe besitzt kriegsentscheidende Relevanz.

Ich empfehle dem Kriegsministerium mit allergrößtem Nachdruck, das in Angriff zu nehmende »Projekt Nick« finanziell großzügigst zu unterstützen und unter strengster Geheimhaltung an qualifizierten Forschungsinstituten zu verwirklichen.

Mit *allen* Mitteln sollte verhindert werden, dass feindliche Mächte Zugang zu Teslas Forschungsunterlagen erhalten und die Geheimdiensttätigkeit von Kenneth M. Swezey bekannt gemacht wird.

Trump / Technischer Berater für das Nationale Komitee für Verteidigungsforschung (National Defense Research Committee / NDRC)
25. März 1943

8. DER VERSTRAHLTE

»Der Professor hatte buchstäblich einen Anfall von Übelkeit. Dies war jedes Mal, wenn Teslas Name fiel, die unweigerliche Folge.«
Thomas Pynchon

Vom Hotel NEW YORKER, wo ich glücklicherweise wieder in meinem Lieblingszimmer 3327 wohnen konnte, war ich zunächst ziellos Richtung Süden flaniert. Es war ein schwüler Abend, und kein Windhauch strich durch die Straßen Manhattans. Dann bog ich, ohne mir eines besonderen Grundes bewusst zu sein, in den West Broadway ein, wo einige Dealer herumschlichen und ihre Ware loswerden wollten. »Sst, sst, smoke«.

Doch ich hatte keine Lust auf einen Joint, wollte nur in Ruhe ein paar Bier trinken, und einer sentimentalen Laune folgend meinte ich, ich könnte mal wieder in MARTIN'S SALOON reinschauen. Ein Straßenmusiker saß in der Nähe des Eingangs, mit einer Gitarre und einem Pappbecher für die erhofften Münzen.

In der Kneipe tauchte ich durch das Gedränge weiter nach hinten, wo es leerer war, und lümmelte mich an die Theke. Die üblichen Gäste, das vertraute Verhalten: Studenten, die nach durchschnittlich zwei Bier wieder gingen; einige Schwarze, die meist an den Tischen saßen und mit ihren eigenen Dingen beschäftigt waren; und an der Theke einige Stammgäste aus der Nachbarschaft, meist allein und solipsistisch in ihre Gedanken versunken.

»Ist es denn nicht möglich, Frieden zu halten?«, fragte, an niemanden direkt gerichtet, Jane, das Barmädchen, die Traumfee von MARTIN'S SALOON, als von einem der hinteren Tische Gebrüll erklang. »O Gott«, sagte sie, »der arme Professor!«

Da saß er, allein mit seiner Flasche Heineken, seinem Intellekt und seiner Fantasie, in deren labyrinthischen Gängen er sich aufhielt, um kosmische Signale aus den unzugänglichen Weiten des Alls zu empfangen.

Jane, die es gut mit ihm meinte, ging zu ihm, mit einer Flasche Bier. Ich folgte ihr.

»Ich will sterben«, klagte er.

»Weißt du denn nicht«, entgegnete Jane, »dass das Leben dein kostbarster Besitz ist?«

»Hoho«, entgegnete er. »Warum?«

»Weil«, sagte Jane, »ohne es wärst du ja tot und könntest nicht jammern.«

»Oh«, sagte er. Sie streichelte ihm über seinen haarlosen Kopf. »Frieden«, ergänzte sie dann leise. »Ist es nicht das, was wir alle suchen, Ralphy? Nur ein bisschen Frieden.«

Er schaute sie aus feuchten Augen an. Dann erkannte er auch mich. »Ah, daher weht der Furz. Tommy, der Pinscher, braucht wieder Stoff. Hätte ich mir denken können. Er umschwänzelt mich, weil ihm die Einfälle ausgegangen sind.«

Ich starrte ihn an. Er glotzte zurück. Mir fiel ein alter kynischer Hunde-Spruch ein: »Jeder Schriftsteller ist ein Pinscher. Wer ihm etwas gibt, den umschwänzelt er; die ihm nichts bieten, bellt er an; und die Schurken beißt er.«

»Und hinter wem bist du heute her? Hä? Du bist doch auch mit von der Partie, wenn SIE kommen und uns bei lebendigem Leib rösten wollen. Du weißt es doch am besten. Komm schon! Du weißt doch, was diese ›Schurken‹ planen!«

Ich setzte mich zu ihm. Er versank in Schweigen und schien meine Anwesenheit nicht mehr zu bemerken. Ich ließ ihn in Ruhe. Schließlich erschien auf seinen Lippen ein hauchdünnes Lächeln, das sich in einem Seufzer löste: »Ich brauche Waffen, jetzt, da es begonnen hat.«

»Was hat begonnen?«, fragte ich nach und bestellte mit einem Handzeichen zwei neue Heineken. »Wovon redest du? Oder bist du schon wieder in deiner Welt, die du dir nur ausdenkst, um andere verrückt zu machen?«

Das war das Stichwort, mit dem er etwas anfangen konnte. Die Worte begannen aus ihm herauszusprudeln. »Auch du kannst nur denken und machen, was du willst. Du kannst deine pataphysischen Romane schreiben, dich nicht zu erkennen geben oder ganz abtauchen. Du kannst auch nichts tun, dich in deinem Bett tot stellen und katatonisch an die Decke starren. SIE werden dich für verrückt halten und es Paranoia nennen, wenn du auf den verborgenen Schatz deiner Träume gestoßen bist, während SIE endlos ihre routinierten Lügen den Leuten einhämmern, nützlich für die Schurken, aber nicht für uns Sensitive. WIR müssen auf die Strahlen achten, die unser Nervensignalsystem in Schwingung versetzen.«

Ich war mir nicht sicher, ob ich mir das alles wieder einmal anhören wollte, blieb jedoch bei ihm sitzen. Dann begann er von seiner alten Besessenheit zu reden, mit der er sich den Spitznamen »Professor« verdient hatte: seinem »Welt-System«, das er sich als eine global strahlende Matrix aus Informationen, Signalen und Energieimpulsen vorstellte, die nicht nur die Auserwählten sensibilisieren sollte, sondern auch die Dekonstruktion der Welt im Lauf der Zeit aufhalten könnte. Mit seinem System wollte er gegen die Entropie ankämpfen, die alles in ein formloses Chaos aufzulösen drohe.

Ralph käute wieder, was sich in sein Gehirn eingefressen hatte, seit er über das thermodynamische Schicksal des Universums nachzudenken begonnen hatte. Selbst der menschliche Organismus war für ihn nur eine thermodynamische Maschine, die dem entropischen Zerfall ausgeliefert sei. Er jedoch hatte sich eine Gegenstrategie zurechtgelegt. Er brabbelte, nur von kleinen Schlucken aus der Flasche unterbrochen, von den imaginären Tachyonen, die das feinstoffliche Energiefeld des Menschen aufbauen und stabilisieren können. Mit diesen kleinsten Schneller-als-das-Licht-Teilchen, die, wie er annahm, aus dem Kosmos strahlen, wollte Ralph gegen den Energieverfall des Ganzen ankämpfen. Tachyonen waren seine Waffen, mit denen er sein eigenes Chaos zu besiegen versuchte.

»Kommunikation mit dem Kosmos ist die Rettung!«, rief er plötzlich laut gestikulierend, und am Nebentisch verstummte das Gespräch.

»Der Kosmos gibt seine Energie an die Hochgeistigen weiter. Die Strahlenbündel des Weltäthers müssen in der Tiefenschicht des Gehirns das verborgene Zentrum des Geistes elektrisieren. Mit seinen Antennen muss der Sensitive diese Reinstrahlen empfangen und in ein schöpferisches Feedback umwandeln. Er muss die gleiche Informationsmenge produzieren, damit es weiterläuft. Nur deshalb! Du musst dein Söf an die kosmischen Energiefelder anschließen!«

»Dein was?«, fragte ich nach.

»Dein S.O.E.F. – dein Subtiles Organisierendes Energiefeld. Bin gleich wieder da.«

Leicht unsicher auf den Beinen stand er auf und wankte zur Toilette. Ich bestellte noch zwei Heineken und zwei Jack Daniel's.

Dann kam er zurück.

Und wer betrat gerade in diesem Augenblick die Szene? Keine andere als seine Tillie, begleitet von einem schicken Burschen mit gelbem Gesicht. Sie schien leichtfüßig zu tanzen, anmutig und fließend, unterstützt von Rhythmen, in denen man die Wirkung von Koks erkennen konnte.

Ralph stöhnte. »Gerade habe ich angefangen, die Geschichte mit diesem Kerl ›Yellow‹ DeBellow zu vergessen. Ich wollte sie loswerden. War wohl nichts.«

»Vielleicht lassen SIE dich nicht los«, wandte ich ein.

Er antwortete nicht, sondern ließ seine Augen nur unruhig hierhin und dorthin huschen. Dann schien er sich zu erinnern: »Mein Psychodoktor empfahl mir, Tillie zu vergessen. Er hat recht. Sie ist tot, vorbei, weg, Ende. Oder?«

All das ist ziemlich erstaunlich, dachte ich mir. Entropie, kosmische Energie, Strahlen, Tachyonen, Sensitive, Schurken, Tillie. Was hatte das alles miteinander zu tun? Ich entdeckte keinen vernünftigen Zusammenhang zwischen all diesen Teilen, die in Ralphs Gehirn auf irre Art verknüpft waren. Er hatte sich in seine eigenen Fantasielösungen verstrickt, die ihn selbst als Ausnahme begreifen und nur sein eigenes Gesetz anerkennen ließen.

Als hätte er meine Gedanken gelesen, brummelte er: »Das ist es ja. SIE sind die Vernünftigen, WIR die Sensitiven! Wir pissen auf ihren irrationalen Rationalismus. Du bist und bleibst ein Ignorant, Tom Pinscher, glaubst noch an

Ursachen und Wirkungen, die gesetzmäßig oder logisch miteinander verknüpft sein sollen. Aber es läuft alles gleichzeitig ab. Bilder und Symptome, die in dir strahlen und visuell auf verschiedene Koordinaten deiner Netzhaut projiziert werden. Ach, ich weiß auch nicht …«

Er schien es tatsächlich nicht zu wissen, sondern streckte nur hilflos seine Hände danach aus. »WIR müssen auf schöpferische Energiebündel achten. All das Gerede von Dingen und Tatsachen, von Ursachen und Wirkungen, von Wirklichkeit und Wahrheit ist nur weltliche Geschichte, und diese Welt ist ein Ablenkungsmanöver. Sie nützt nur den Schurken, aber nicht den Sensitiven.«

»Ach, Professor«, versuchte ich ihn von seiner fixen Idee abzulenken und spielte meinen höchsten Trumpf aus. Ich wollte Ralph mit seinen eigenen Waffen schlagen. »Denk lieber an Sensitive, die nicht verrückt sind, sondern die Welt so begreifen wollen, wie sie tatsächlich ist. Erinnere dich an die Strahlungen Nikola Teslas, dessen Geist die materielle und energetische Welt zu beherrschen lernte, ohne sich in imaginäre Hirngespinste zu verlieren.«

»Tesla!«, schrie er. »Mir wird schon übel, wenn ich nur seinen Namen höre! Der war doch total verstrahlt.«

»Aber Tesla konnte seine Strahlungen in die Wirklichkeit und ihre Kausalzusammenhänge umsetzen. Er wurde ein genialer Erfinder, kein Paranoiker.«

Ralph lachte, als hätte ich einen guten Witz erzählt, und gab Jane das Zeichen für den nötigen Getränkenachschub. »Erfinder! Er war so naiv, zu glauben, Pierpont würde seinen Traum ›Freie Energie für alle‹ finanzieren. Es war seinem genialen Intellekt entgangen, dass kein Mensch mit einer solchen Erfindung Geld verdienen kann. Forschungsgelder für ein kostenloses Energiesystem aufzubringen hieße, sie zu verschleudern und alles, was das Wesen unserer Zeit ausmacht, zu verraten, ach was, es zu zerstören.«

Einige Heineken und Jack Daniel's später stritten wir wie junge Kerle darüber, wer am stärksten betrunken sei, und zogen damit die feindseligen Blicke einiger anderer Gäste auf uns. Nach einer Weile entdeckte Ralph seine alte Liebe wieder. Tillie hüpfte mit ihrem Schönling in der Mitte der Tanzfläche herum. Über dessen Schultern streckte sie Ralph neckisch die Zunge heraus, der sofort wegsah. »Ich kann das nicht leiden. Warum schicken wir die beiden nicht durch die South Division, vielleicht schlägt ihnen jemand mit der Axt die Schädel ein!«

Ralph seufzte. Ahnte er, dass er nur noch ein armer Schlucker war und nichts mehr zu bieten hatte, um sexuell attraktiv zu sein? Fürchtete er, von den erotischen Wunschmaschinen abgekoppelt worden zu sein, die ohne ihn weiterliefen? Er hatte sich dazu sein eigenes System zusammengebaut. »Du meinst doch auch«, redete er in verführerischem Tonfall auf mich ein, »dass das Tanzen nur aus muskulären Kontraktionen und Verkrümmungen besteht, mit denen Automaten-Körper auf kosmische Strahlungen reagieren, die durch die Luft oder den Boden übertragen werden. Genau das Gleiche gilt für Aufstände, Eroberungen, Kriege, Revolutionen. Vor allem aber für den Sex, bei dem der thermodynamische Körper durch Schwingungen aufgeheizt wird. Organmaschinen, die unter Strom stehen, koppeln sich aneinander und gleiten ineinander. Anziehung und Abstoßung, Wechselströme und Widerstände, zuckende Fleischautomaten, Orgon und Orgasmus …«

Er hatte sich selbst in eine Erektion hineinfantasiert.

»Ach, Professor. Es geht auch ohne. Denk doch an Tesla!«

»Ich hasse Tauben!«, brüllte er und kippte nach hinten auf den Boden. Unter viel Gekicher versuchten zwei Mädchen vom Nebentisch vergeblich, Ralph wieder auf die Beine zu helfen. Tillie beugte sich über ihn. Sein Gesicht war verzerrt. »Fort, fort«, krächzte er. Auch die gute Fee von MARTIN'S SALOON trat hinzu. Er würdigte sie nur eines kurzen Blicks, und aus seinen Augen sandte er einen Todesstrahl auf Jane, die es doch gut mit ihm meinte.

ANHANG

STRAHLEN-DOSSIER: VON NIETZSCHE BIS HAARP

Die Apokalypse des Johannes

»Komm herauf, und ich werde dir zeigen, was dann geschehen muß. Sogleich wurde ich vom Geist ergriffen. Und ich sah: Ein Thron stand im Himmel; auf dem Thron saß einer, der wie ein großer Jaspis und ein Karneal aussah. Und über dem Thron wölbte sich ein Regenbogen, der wie ein Smaragd aussah. Von dem Thron gingen Blitze, Stimmen und Donner aus. Und sieben lodernde Fackeln brannten vor dem Thron; das sind die sieben Geister Gottes.«

Friedrich Nietzsches elektrische Leidensquelle

Anfang Juli 1881 war Nietzsche in Sils Maria angekommen, einem kleinen Ort in der südlichen Schweizer Bergwelt, Kanton Graubünden. Im Engadiner Sommer mit seiner Höhenluft begann er sich wohlzufühlen. Er schien einen ruhigen Platz gefunden zu haben, der seine Anfälle zwar nicht verhindern konnte, sie aber doch milder und erträglicher machte. Wenn er daran dachte, wie fürchterlich er die beiden letzten Jahre verbracht hatte, konnte er seine Tränen nur mühsam zurückhalten.

Wenn nur diese ständigen Wetterumschwünge mit ihren Sommergewittern nicht wären, die seinen Geist und Körper so stark aufzuladen schienen, dass er wie eine Maschine unter zu viel Energiezufuhr zu zerspringen drohte und sich nur durch Anfälle und Erbrechen zu entspannen vermochte. Vor allem die atmosphärische Elektrizität, die in diesem Jahr 1881 besonders intensiv war und, wie er wusste, zeitlich mit dem Sichtbarwerden großer Sonnenflecken zusammenhing, bereitete ihm Schmerzen und Unwohlsein.

Ach, diese verfluchte Wolken-Elektrizität! Immer häufiger klagte Nietzsche über seine elektrische Hypersensitivität, die in diesem Sommer in Sils Maria besonders stark ausgeprägt war und die er immer wieder in Briefen und Tagebuchnotizen erwähnte.

19. Juli: »Bis jetzt 4 zwei- bis dreitägige Anfälle (mit langem Erbrechen: *jedesmal* Gewitter im Spiel oder Gewitterwolken).« 30. Juli: »Ausnahmewetter auch hier! Ewiges Wechseln der atmosphärischen Bedingungen – das treibt mich noch aus Europa! Ich muß *reinen* Himmel *monate*lang haben, sonst komme ich nicht von der Stelle. Schon 6 schwere, zwei- bis dreitägige Anfälle.« 14. August 1881: »Ich werde wohl einige Jahre noch leben müssen! Ach Freund, mitunter läuft mir die Ahnung durch den Kopf, dass ich eigentlich ein höchst gefährliches Leben lebe, denn ich gehöre zu den Maschinen, welche *zerspringen können! Die Intensitäten meines Gefühls machen mich schaudern und lachen.*« 21. August 1881: »In Paris ist eine Ausstellung für Elektrizität: ich sollte eigentlich dort sein, als Ausstellungsgegenstand, vielleicht bin ich in diesem Punkte empfänglicher als irgend ein Mensch, zu meinem Unglücke!« 27. Oktober 1881, Genua, als Nietzsche seinen Freund Franz Overbeck bittet, ihm die Arbeit von Pierre Foissac über meteorologische Einwirkungen auf die menschliche Gesundheit zu besorgen: »Es ist von wegen der fürchterlichen Einflüsse der atmosphärischen Elektrizität auf mich – sie werden mich noch auf der Erde herumtreiben, es muß bessere Bedingungen des Lebens für meine Natur geben. Z. B. in den Hochebenen Mexicos, auf der Seite des Stillen Oceans.« 14. November 1881: »Was panzert gegen die Elektrizität? Was schützt gegen diese allzu starken Einflüsse?« 23. März 1882: »Mehrere böse Tage! Ach, die verfluchte Wolken-Elektrizität!« 1. Juli 1882: »Bin jetzt krank, schwerer Anfall. – Zu Bett. Gewitter über Gewitter. Selterswasser sehr wohltuend.«

20. Januar 1883: »Im Übrigen mögen zur Erklärung meiner ganz ungewöhnlichen ›Unlustgefühle‹ jene elektrischen Stürme

ausreichen, welche in den Herbst- und Wintermonaten alle Beobachter der elektrischen Strömungen in Erstaunen gesetzt haben: zeitlich fallen sie mit dem Sichtbarwerden großer Sonnenflecken zusammen.« 10. Februar 1883: »Es ist wieder Nacht um mich; mir ist zu Muthe, als hätte es geblitzt – ich war eine kurze Spanne Zeit ganz in meinem Elemente und in meinem Lichte. Und nun ist es vorbei. Ich glaube, ich gehe unfehlbar zu Grunde, es sei denn, dass irgend Etwas passiert, ich weiß durchaus nicht was. Vielleicht, dass mich jemand aus Europa wegschleppte – ich, mit meiner physikalischen Denkungsweise, sehe jetzt in mir das Opfer einer terrestrisch-klimatischen Störung, der Europa ausgesetzt ist. Was kann ich dafür, dass ich *einen Sinn mehr* habe und eine furchtbare Leidensquelle!« 19. Februar 1883: »Dieser Winter war der schlechteste meines Lebens; und ich betrachte mich als das Opfer einer Natur-Störung.« – Dann endlich der auf dem Scheitelpunkt der Tragödie stattfindende Augenblick, in welchem sich für die Zeit eines Blitzes die Wahrheit des Lichts mit der Tiefe der Nacht vereinigt: Nietzsches Zarathustra, der Verkünder des Blitzes aus dunkler Wolke. Wo ist dieser Blitz, dieser Wahnsinn, der mich packt? *Vor Sonnen-Aufgang*, Winter 1883/84: »O Himmel über mir, du Reiner! Tiefer! Licht-Abgrund. Dich schauend schaudere ich vor göttlichen Begierden. In deine Höhe mich zu werfen – das ist *meine* Tiefe!«

Junggesellenmaschine TESLA

Um 1882/83 hatte die Häufigkeit der Sonnenflecken wieder ein Maximum erreicht, entsprechend der elfjährigen periodischen Wiederkehr, die seit den regelmäßig vorgenommenen Beobachtungen seit 1740 festgestellt worden ist. Die Sonnenaktivität war auf einem Höhepunkt, verbunden mit einem gehäuften Auftreten der Polarlichter, die infolge der Einstrahlung der Sonnenwinde in die Erdatmosphäre, entlang der polaren Magnetfeldlinien entstehen. Nietzsche litt elektrische Höllenqualen. Auch Nikola Tesla fühlte sich gemartert von den Sonnenstrahlen, die in seinem Kopf eine schreckliche Explosion auszulösen drohten. In seinem Inneren sah er ein Licht, das einer kleinen Sonne ähnelte. Seine Nerven waren auf das Äußerste gespannt. Selbst im tiefsten Dunkel spürte er noch die Wirkung der elektromagnetischen Energie, die auf seiner Stirn ein unangenehmes Prickeln verursachte. Er verbrachte die Nächte damit, kalte Kompressen auf seinen Kopf zu legen, um ein wenig Erleichterung zu finden. Es war ein kosmischer Schmerz, der ihn seit seiner Jugend regelmäßig heimsuchte.

Es kann kein Zufall sein, dass diese Hypersensibilität zum ersten Mal um 1861 auftauchte, als Tesla etwa fünf Jahre alt war, in einer Zeit hochgradiger Sonnenaktivitäten. Um sich die Wiederkehr seiner schrecklichen Nervenkrankheit zu erklären, legte er sich schon früh eine Theorie zurecht, die er sein Leben lang nicht aufgab: Ich bin ein Automat, der auf eine einzigartige Weise die Impulse des Lichts und anderer kosmischer Energien aufzunehmen in der Lage ist.

Als Gedanke mochte diese Automaten-Vorstellung nicht originell gewesen sein. René Descartes hatte sie im 17. Jahrhundert für alle ausgedehnten Körper ins Spiel gebracht, der Seele und ihren Leidenschaften jedoch noch eine unausgedehnte, mentale Eigenwilligkeit zugestanden. Seit der naturalistischen Wende der bösen französischen Aufklärer des 18. Jahrhunderts war sie philosophisch weiterentwickelt und universalisiert worden. In Julien Offray de La Mettries *L'homme machine*, in Claude-Adrien Helvetius' *De l'esprit* (*Vom Geist*) oder im *Système de la nature* von Paul Henri Thiry d'Holbach sollte alles maschinell funktionieren. Und in den Jahrzehnten von etwa 1850 bis 1925 waren es zahlreiche Künstler und Schriftsteller, die das Arbeiten des menschlichen Organismus und seiner Psyche, ebenso wie die gesellschaftlichen Verbindungen und die geschichtliche Dynamik überhaupt, nach einem Maschinen-Modell gestalteten. Selbst der feinfühlige Seelenanalytiker Sigmund Freud hielt die Psyche für einen Apparat. Der französische Schriftsteller Michel Carrouges hat daraus das Konzept der *Junggesellenmaschinen / Les Machines Célibataires* isoliert. Das sollte keine Metapher sein, hinter der sich eine geistreiche Idee oder eine irreale Spielerei verstecken konnten. Es charakterisierte wirkliche Maschinen im wörtlichen Sinn, die durch kosmisch wirksame Energien angetrieben wurden. Doch kaum ein anderer hat es selbst so intensiv erlebt wie die verstrahlte Mensch-Maschine Nikola Tesla, die uns autobiografisch darüber aufklärte, wie sie funktionierte.

»Zu meinem Erstaunen erkannte ich bald, dass jeder meiner Gedanken eine äußere Ursache hatte. Und nicht nur das, auch alle meine Handlungen wurden auf die gleiche Weise erzeugt. Im Laufe der Zeit wurde es mir vollkommen klar, dass ich nur ein *Automat* war, der mit der Fähigkeit zur Bewegung ausgestattet war und der auf die Reize der Sinnesorgane reagierte und entsprechend handelte und dachte.

In einer meiner biografischen Skizzen, die im *Electrical Experimenter* von Hugo Gernsback veröffentlicht worden sind, bin ich auf die Umstände meiner Kindheit eingegangen und habe von einem Leiden erzählt, das mich zu ununterbrochenen Übungen der Vorstellungskraft und zur Selbstbeobachtung gezwungen hat. Diese geistigen Aktivitäten, die ich anfangs unter dem Druck der Krankheit und des Leidens nur unfreiwillig ausführte, wurden mit der Zeit zu meiner zweiten Natur und sie führten mich schließlich zur Erkenntnis, dass ich sowohl in Bezug auf meine Gedanken als auch auf meine Handlungen ein Automat ohne freien Willen bin, der bloß auf die Einflüsse seiner Umgebung reagiert. Unsere Körper sind von so komplexer Struktur, die Bewegungen, die wir ausführen, so zahlreich und verwickelt und die äußeren Eindrücke auf unsere Sinnesorgane in einem solchen Ausmaß fein und schwer erfassbar, dass es für einen Durchschnittsmenschen schwierig ist, diese Tatsachen zu verstehen. Und trotzdem ist für den geschulten Beobachter nichts überzeugender als die mechanische Theorie des Lebens, die bis zu einem gewissen Grad vor dreihundert Jahren von Descartes verstanden und postuliert worden ist.

Jedes menschliche Wesen ist eine Maschine, die mit dem Uhrwerk des Universums verbunden ist. Auch wenn es scheinbar nur von seiner unmittelbaren Umgebung beeinflusst wird, so dehnt sich seine Einflusssphäre doch über unendliche Entfernungen aus. Es gibt kein Sternbild oder keinen Nebel, keinen Stern oder Planeten in den Tiefen des endlosen Raums, keinen vorbeiziehenden

Wanderer am Himmelszelt, der sich nicht in irgendeiner Weise auf unser Schicksal auswirken würde – nicht im vagen und täuschenden Sinn der Astrologie, sondern in der engen und exakten Bedeutung der physikalischen Physik. Und vor allem gibt es auf dieser Welt nichts Lebendiges – vom Menschen, der die Elemente versklavt, bis hin zur kleinsten Kreatur –, das nicht diesem Einfluss unterworfen wäre. Immer wenn aus einer Kraft eine Wirkung hervorgeht, selbst wenn sie unendlich klein ist, wird das kosmische Gleichgewicht gestört, und eine universelle Bewegung ist die Folge.

Ein einziger Lichtstrahl von einem fernen Stern, der auf das Auge eines Tyrannen aus längst vergangenen Zeiten gefallen ist, kann dessen Leben verändert, kann das Schicksal von Nationen beeinflusst und kann die Erdoberfläche umgewandelt haben, so kompliziert und verschlungen sind die Wege der Natur. Auf keine andere Weise können wir uns eine bessere Vorstellung von der Größe der Natur machen, als wenn wir bedenken, dass sich alle Kräfte in der Unendlichkeit des Weltalls in Übereinstimmung mit dem Satz von der Erhaltung der Energie im vollkommenen Gleichgewicht befinden müssen und deshalb die Energie eines einzigen Gedankens die Bewegung eines Universums bestimmen kann.«

VRIL oder Eine Zukunft der Menschheit

Als Tesla im Sommer 1899 in der klaren und reinen Höhenluft von Colorado Springs seine Experimente zur drahtlosen Übertragung von Informationen und Energien begann, schrieb Desire Stanton im örtlichen *Mountain-Sunshine*-Magazin: »Die Tage der VRIL-Energie sind nicht mehr fern.« Tesla wird verstanden haben, was damit gemeint war. Der Science-Fiction-Roman *The Coming Race* des in London geborenen Politikers und Schriftstellers Lord Edward Bulwer-Lytton, 1871 in Erstauflage veröffentlicht, war noch immer ein Bestseller. Er handelt von einer menschlichen Zivilisation, den VRIL-ya, welche die allumfassende Naturkraft VRIL für nützliche, jedoch auch zerstörerische Zwecke einsetzen können, für Heilung und Vernichtung.

Die VRIL-ya leben nicht in der Zukunft, sondern unter uns, in riesigen Höhlen des Erdinneren, in die kein Sonnenlicht dringt. Ihre Welt ist dennoch warm und hell, erleuchtet von VRIL, das wie das Nordlicht strahlt und alles in seine milde Atmosphäre taucht. Die Energie des VRIL bringt die Pflanzen zum Wachsen und stärkt die Lebenskräfte von Tier und Mensch. VRIL ermöglicht, das Wetter zu beeinflussen, lässt die Maschinen laufen, die Menschen fliegen. Es steigert die Verstandeskräfte, ermöglicht Gedankenübertragung und hilft erkrankten Organismen bei ihrer Selbstheilung. VRIL ist mehr als Elektrizität. Es ist die universelle Naturkraft, die große Urkraft hinter allen Kräften, das innerste, ewige Agens aller Natur.

Doch diese Quelle aller lebenserhaltenden und -steigernden Impulse birgt auch eine tödliche Gefahr in sich. Der metallische VRIL-Stab kann eine schreckliche Waffe sein. Seine Todesstrahlen können über riesige Entfernungen auf alles gerichtet werden, was man zerstören will. Selbst die größten Heere und mächtigsten Festungen sind diesen Strahlen schutzlos ausgeliefert und verglühen im Feuer ihrer pulsierenden Energie.

Daniel Paul Schrebers Strahlenkrankheit

Im Herbst 1884 arbeitet Nietzsche in Sils Maria am vierten und letzten Teil seines *Zarathustra.* Endlich ist sich der Verkünder des Blitzes sicher, dass er den Menschen überwinden will. Auf dessen kleines, tägliches, ständiges Elend will er sich nicht mehr einlassen. Seine Sehnsucht richtet sich auf Fernes, das nur gelingen kann, wenn der Mensch erhaben genug ist für den Blitz, der ihn trifft und vernichtet. Dann erst kann er das Leid *am Menschen* nachvollziehen, das Zarathustra in seinem Alleinsein erfüllt. »Es ist nicht genug, dass der Blitz nicht mehr schadet. Nicht ableiten will ich ihn: er soll lernen für *mich* – arbeiten. – Meine Weisheit sammelt sich lange schon gleich einer Wolke, die wird stiller und dunkler. So tut jede Weisheit, welche einst *Blitze* gebären soll. – Diesen Menschen von heute will ich nicht *Licht* sein, nicht Licht heißen. *Die* – will ich blenden. Blitz meiner Weisheit! Stich ihnen die Augen aus!«

Während Zarathustra sich von den Menschen in seine Höhle in der Höhe zurückzieht, um dort glühend und stark wie eine Morgensonne wieder zu sich zu finden, reist Nikola Tesla in die USA aus. Schon zwei Tage nach seiner Ankunft, am 8. Juni 1884, beginnt er in Edisons Maschinenfabriken mit seiner Arbeit an Elektromotoren, mit denen eine Zukunft voller Licht angestrebt wird. Eine elektrische Welt entsteht, in der das Licht das alles überstrahlende Symbol ist. Wie das Sonnenlicht sollen die künstlich erzeugten Strahlen der Glühbirnen die Dunkelheit erhellen, in der die Menschen zu leben gewohnt waren. Endlich ist es Tesla gelungen, sein hypersensitives Licht-Leiden in eine übermenschliche Erfindungskraft zu transformieren, mit der er den Prozess der Elektrifizierung vorwärtstreibt.

Zur gleichen Zeit erkrankt Daniel Paul Schreber, der als Landgerichtsdirektor in Chemnitz für den Deutschen Reichstag kandidiert, zum ersten Mal. Er leidet unter einem Anfall schwerer Hypochondrie. Seine Nerven sind überempfindlich. Das Licht der Sonne droht ihm die Augen auszustechen. Blitze zucken durch sein Gehirn. Er wird in die Sächsische Landesheilanstalt Sonnenstein eingeliefert, einige Wochen später in die Psychiatrische Universitätsklinik Leipzig überführt. Nach seiner Genesung arbeitet er mehrere Jahre als Richter am Landgericht Leipzig.

Im Herbst 1893, während sich die eruptive Strahlungsaktivität der Sonne wieder einmal ihrem periodischen Maximum nähert, Nietzsches Bewusstsein infolge seiner Gehirnlähmung fast ganz erloschen ist und Tesla in der »City of Lights« der Kolumbus-Weltausstellung in Chicago als Superstar der Elektrizität gefeiert wird, bricht Schreber zum zweiten Mal zusammen. Er träumt, dass seine frühere Nervenkrankheit wieder zurückgekehrt ist, was ihn im Traum sehr bedrückt. Aber nach dem Erwachen weiß er, zu seiner großen Erleichterung, dass es nur ein Traum war.

Am 21. November 1893 wird er erneut in die Psychiatrische Universitätsklinik Leipzig eingeliefert. Dort klagt er hypochondrisch, dass er an Gehirnerweichung leide und bald sterben müsse.

Verfolgungsideen mischen sich in sein Krankheitsbild. Sinnestäuschungen narren ihn, die anfangs vereinzelt aufzutreten scheinen, während er gleichzeitig unter einer hochgradigen Empfindlichkeit gegen Licht und Geräusche leidet.

Nach einem kurzen Aufenthalt in der privaten, von Dr. Pierson geleiteten Heilanstalt Lindenhof in der Nähe von Dresden wird Schreber im Juni 1894 schließlich in die Sächsische Landesheilanstalt Sonnenstein bei Pirna überführt, dieses »Teufelsschloss«, in dem er die kommenden acht Jahre zubringen wird. Die Diagnose seiner Krankheit steht fest: *Dementia paranoides*. Er leide, wie man ihm sagt, unter Verfolgungswahn, der sich vor allem am Sonnenlicht entzündet. Schon in den ersten Wochen seines Aufenthalts auf dem »Sonnenstein« gehen, wie er empfindet, wichtige Veränderungen mit der Sonne vor sich. Sie ist nicht mehr die Ursache allen organischen Lebens auf der Erde. Jetzt fühlt er sich von ihren Strahlen angegriffen und bedroht.

In der ersten Periode seines Aufenthalts, die er nachts in einer Zelle für Demenzkranke zubringt, erlebt er »schaurige« Dinge furchtbarer Natur: Er unterliegt einer bedrohlichen Strahlengewalt, die sein Leben, seinen Verstand und seine Männlichkeit zu vernichten droht. Er empfängt Todesstrahlen, die mit Leichengift und anderen Fäulnisstoffen beladen sind. Unreine Strahlen dringen in seinen Bauch ein und zerreißen seine Därme. Er erlebt Zerstörungen an einzelnen Organen seines Körpers. Von den Blitzen der Sonne fühlt er seine Augen ausgestochen. Lange Zeit glaubt er ohne Magen und ohne Därme zu leben, mit eng zusammengepressten Lungen, die ein »Lungenwurm« zerfressen will, mit zerrissener Speiseröhre, ohne Blase, mit zerschmetterten Rippenknochen. Manchmal verspeist er beim Essen Teile seines Kehlkopfes mit. Wenn er im Bett liegt, weichen unreine Strahlen sein »männliches Glied« auf, sodass es völlig zu zerlaufen droht oder sich in den Körper zurückzieht. Er fühlt, dass seine Nerven aus dem Kopf herausgezogen werden. »Strahlenzüge« zersägen seinen Schädel oder pulverisieren das Knochenmaterial seiner Schädeldecke, bevor »reine Strahlen« wieder eine feste Gestalt rekonstruieren.

Schreber führt seine »Nervenkrankheit« auf Strahlungen zurück, über deren Quellen er sich zunächst nicht recht klar ist. Sie haben etwas mit der Sonne zu tun, in deren Strahlen sich eine unbegreifliche, übermenschliche Macht zu spiegeln scheint. Zwischen seinen Nerven und den Strahlen, die auf ihn eindringen, scheint sich eine Katastrophe zu entwickeln. Im normalen Zustand, als die Welt im Gleichgewicht war, waren die Nerven »in Ordnung«. Sie waren zwar durch äußere Eindrücke erregbar, doch ohne diese Erregbarkeit wäre kein körperliches und geistiges Leben des Menschen möglich. Die Nerven des Menschen müssen in Schwingungen versetzt werden. Ihr Körper, durchströmt von der Lebenskraft, muss schwingen können. Jetzt aber drohen Strahlungen Schrebers Körper zu überfordern und außer sich zu bringen. In ihrem Übermaß zerstören sie, was sie maßvoll am Leben erhalten. Von der Sonne oder von weiter entfernten Sternen kommende Strahlenfäden züngeln nach seinem Kopf. In seinem Kopf oder, bei offenen Augen, am Himmel tauchen helle Lichtpunkte auf, die seinen Sehsinn bedrohlich schädigen. Noch weiß Schreber nicht, wie er sich diese Zerstörungskraft erklären kann.

Im Laufe der Zeit verschieben sich die hypersensiblen Strahlenerlebnisse in ein großartiges mystisch-religiöses System. (Die ärztlichen Gutachter stellen fest: Aus dem halluzinatorischen Wahnsinn bildet sich zunehmend ein paranoides Krankheitsbild heraus.) 1899 hat es seine ausgearbeitete systematische, alles überstrahlende Form gefunden. Schreber fühlt sich von Vorstellungen und Gedanken erfüllt, die sich zu einem System geschlossen haben, mit ihm als Auserwähltem im Zentrum. Alles hat sich verändert. Vor seiner Krankheit neigte Schreber zu sexueller Askese und Zweifeln an Gottes Existenz. Nachdem die Krankheit ihren Lauf genommen hat, ist er ein Gottgläubiger, der am liebsten in Wolllust schwelgt und Gott ficken möchte.

Ein Wahnsystem? Für Schreber ist es der Weg zu einer neuen Weltordnung, den er 1900 in seinen erhabenen *Denkwürdigkeiten eines Nervenkranken* ausführlich beschreibt. Nein, er leide an keiner Geisteskrankheit. Nur sein Nervensystem sei überreizt. Er gehöre zu den Sensitiven, deren Sinne empfänglich für die kosmischen Kräfte seien, die in die Tiefenschichten seines Gehirns hineinstrahlen.

Schreber empfängt himmlische Energiebündel und wandelt sie in eine schöpferische Großtat. Er fühlt sich berufen, *die Welt zu erlösen* und der Menschheit ihre verloren gegangene Seligkeit wiederzubringen. Er weiß, was mit ihm geschehen ist. Er ist mit Gott in »Strahlen-Verkehr« getreten. Er ist der auserwählte Mensch, dem sich Gott unmittelbar genähert hat, um das Leid der Menschen in ein immerwährendes seliges Genießen zu verändern. Schreber muss seine Augen nicht öffnen, um Gottes reine Strahlen zu sehen. Sie werden unmittelbar auf sein inneres Nervensystem projiziert. Er ist der Erlöser, dessen Strahlenerlebnisse die Menschheit in eine neue glückliche Zeit führen sollen.

RALPH 124 C 41 PLUS

Wer kennt heute noch Hugo Gernsback? Wahrscheinlich die wenigsten. Eigentlich hieß er Hugo Gernsbacher und war ein Deutscher aus Luxemburg, der dann als Elektrotechniker in die USA ausgewandert ist. Es muss kurz nach 1900 gewesen sein. Gernsback war für die Amerikaner natürlich leichter auszusprechen als Gernsbacher. Und in Amerika war er dann bald der ›große Gernsback‹, ein erfolgreicher Unternehmer, der viel Geld gemacht hat mit dem ersten Radioapparat, der frei verkäuflich war. Auch einen der ersten drahtlosen Telegrafen hatte er im Angebot. Der hatte zwar nur eine Reichweite von einer Meile, aber das war damals eine Menge. Später hat er einige technische Zeitschriften herausgegeben und elektrotechnische Sachbücher geschrieben, war zunächst Verleger von *Modern Electrics*, dann vom *Electrical Experimenter*, eine Art Pulp Science Fiction, in der es um modernste Techniken ging, aber auch um fantastische Zukunftsvisionen. Für *Modern Electrics* schrieb er 1911 selbst einen Science-Fiction-Roman, zunächst in Fortsetzungen, dann auch gesammelt als Buch erschienen. Eine verstrahlte Geschichte.

Es geht um den Erfinder *Ralph 124 C 41 plus*, und das ist auch der Titel des Romans, der im Jahr 2660 spielt. Dieser Ralph ist nicht nur ein Hüne von Mann, sondern auch ein Geistesriese, der zu den zehn ausgewählten Männern des Planeten Erde gehört, die hinter ihrem Namen ein Pluszeichen führen dürfen. Er experimentiert vor allem mit Ultra-Starkstrom-Strahlen, die er in die Atmosphäre senden kann, um damit riesige Energiemengen auf jeden beliebigen Punkt der Erde übertragen zu können – wie eine Laserkanone mit ungeheurer Wirkungskraft. Das kann Leben retten, wie am Anfang der Geschichte. Eine Frau aus der Schweiz ruft ihn an und bittet ihn um Hilfe, weil sich eine riesige Lawine gelöst hat und ihr Haus zu verschütten droht. Da richtet er seinen Sendemasten auf eine Starkstrom-Antenne aus, die dort als Empfänger installiert ist. Die gesendete, über die Ionosphäre reflektierte Energiemenge wird in einen riesigen Feuerstrahl transformiert, der sich als stärker erweist als die heranbrausenden Schneemassen. Die Lawine wird in heißes Wasser und Dampf aufgelöst und richtet keinen großen Schaden an. Das Haus in der Schweiz und seine Bewohnerin sind gerettet. Aber diese Strahlentechnik kann auch für Kriegszwecke eingesetzt werden. In Form von Todesstrahlen kann sie feindliche Stellungen, Maschinen und Gegner vernichten. Doch das ist nur der Anfang der Geschichte, in der dann auch ein Außerirdischer vom Mars eine Rolle spielt. Er entführt Alice, so heißt die junge Schweizerin, in die sich Ralph verliebt hat. Dieser muss sie retten, und schließlich gibt es ein kitschiges Happy End. Das übliche pathetische »Ich liebe dich!«. Aber die Erfindungen, von denen Gernsback erzählt, sind einfach genial. Sie zeigen, was mit Strahlungen alles möglich ist. Ralph ist der absolute Meister der Strahlen. Es geht um Beeinflussung von organischem Wachstum; Zerstörung gefährlicher Viren und Bakterien; Fernsteuerung von Automaten; drahtlose Informations- und Energieübertragung; Radio und Fernsehen; Telekommunikation; Lebensverlängerung; Beeinflussung des Klimas; virtuelle Bildprojektionen; künstlich erzeugte Polarlichter; Erhellung des nächtlichen Himmels; Gedankenübertragung; Bewusstseins- und Gedankenkontrolle.

All das hat Gernsback schon 1911 beschrieben. Jedoch nicht selbst ausgedacht. Denn Ralph ist eigentlich sein Freund Nikola

Tesla, der all das tatsächlich erfunden hat, was Gernsback in seinem Roman fiktional ausgemalt hat, voller Bewunderung für Teslas Genie. In seinem *Electrical Experimenter* erschienen zahlreiche Artikel zu Tesla und seinen Erfindungen. Über die Todesstrahlenwaffe informierte zuerst Gernsback in seinem Magazin. Doch auch Teslas Patente und Experimente zur Nutzung der Strahlungsenergie der Sonne und aus dem Kosmos, die er als freie Energie allen Menschen kostenlos zur Verfügung stellen wollte, wurden zum ersten Mal von Gernsback veröffentlicht. Und wenn man etwas über Teslas Lebensgeschichte lesen will, dann ist immer noch seine Autobiografie »Meine Erfindungen« die beste Quelle. Er hat sie 1919 für Gernsback geschrieben. Sie erschien als Artikelserie im *Electrical Experimenter* und liest sich wie ein Märchen, das allerdings den Vorzug hat, dass es wahr ist.

Das kommende Deutschland

Nach den Schrecken des Ersten Weltkriegs hat Rudolf Steiner angeregt, Edward Bulwer-Lyttons *The Coming Race* ins Deutsche zu übersetzen. Für ihn war VRIL die Vision bisher unbekannter Naturkräfte, die eine neue Phase der menschlichen Evolution ermöglichen würden. Hinter dem literarischen Gewand des Science-Fiction-Romans aus dem viktorianischen England, geschrieben von einem englischen Lord, der Mitglied englischer und deutscher Freimaurer-Orden gewesen war, glaubte Steiner eine große Wahrheit entdeckt zu haben: Die unterirdische Zivilisation des Romangeschehens sei zwar nur eine Erfindung. Aber die allumfassende Macht des VRIL existiere tatsächlich. Ihre Energie sei real. Es komme darauf an, sie zu verstehen und kontrollieren zu können.

Steiner war nicht der einzige VRIL-ya. Bulwer-Lyttons Darstellung der kosmischen Urkraft fand eine gläubige Anhängerschaft, die in den Jahren zwischen den beiden Weltkriegsenden, 1918 und 1945, danach strebte, diese universelle Energie zur Schaffung eines »Lichtreichs« auf Erden einzusetzen. Aus VRIL wurde ein Mythos. Auch eine geheimnisvolle »VRIL-Gesellschaft« soll sich gebildet haben, die in die Nähe des Nationalsozialismus gerückt wird. Noch in Umberto Ecos Roman *Das Foucaultsche Pendel* hat sie als neonazistischer Bund der Freimaurerloge »Orden vom Vril« ihre Spuren hinterlassen.

Was historisch gesichert ist: Es gab eine VRIL-Gesellschaft im Berlin der frühen Dreißigerjahre. Allerdings unter einem anderen Namen. 1930 erschien eine kleine Schrift im Berliner »Astrologischen Verlag Wilhelm Becker« mit dem Titel *VRIL. Die Kosmische Urkraft. Wiedergeburt von Atlantis.* Als Herausgeber fungierte die »Reichsarbeitsgemeinschaft ›Das kommende Deutschland‹«, mit Zentralbüro in der Pallasstr. Nr. 7, die als ihr Programm und Ziel angab:

»Eine große helfende Tatgemeinschaft kommt im Deutschen Reiche herauf! Der schöpferische Mensch wird angebahnt – und ›Wissende‹ weisen gangbare Wege zur praktischen Erziehung des uranischen Strahlungsmenschen!

Die Zeit der Uraniden wird anbrechen! –

In allen Städten Deutschlands werden Arbeitszellen geschaffen und diese Zellen in der Reichshauptstadt zu einer zentralen Einheit zusammengeschlossen. Jeder Deutsche ist zur Mitarbeit erwünscht und *kein* Deutschfühlender erscheint etwa zu gering.

Die Gemeinschaft ist absolut unpolitisch und unparteiisch und arbeitet schöpferisch im Sinne steter Förderung des Tatguten aller Religionen an der Heraufbringung des Übermenschen.«

Neue Strahlenlehre

Der Nervenkranke Daniel Paul Schreber unterschied zwischen »sehrenden« Todesstrahlen, die ihn unermesslich quälten und zu vernichten drohten, und »segnenden« Lebensstrahlen, die ihn heilten und erhöhten, ähnlich den »reinen« Strahlen Nietzsches. In der Neuen Dreistrahlenlehre von Frenzolf Schmid kehrt dieses binarische Strahlenbündel (negativ/positiv) 1929 wieder, ergänzt durch die indifferenten Nebenstrahlen, die nur geringfügig vorkommen und lediglich eine ausgleichende Wirkung in bestimmten Situationen haben.

Die *Todesstrahlen* sind *Ur-Strahlen* und höchst gefährlich. Sie können Tod und Verderben im Umkreis von Hunderten von Kilometern verbreiten. Vom technischen Standpunkt aus kommen sie in erster Linie für Kriegszwecke in Betracht. »Denn sie erweisen sich nach den bisher angestellten Versuchen als unbedingt tödlich; sie zerstören das Nervensystem fast augenblicklich und erscheinen als durchaus Gewebe zerstörend. Einzig ein Gasgemenge, das der Forscher begreiflicher Weise geheim hält, bietet Schutz vor den absolut zerstörenden Wirkungen der Ur-Strahlen, die in Verbindung mit überaus starken elektrischen Hochspannungs-Induktionsströmen auf Hunderte von Kilometern wirksam gemacht werden können.« In zweiter Hinsicht bieten die Ur-Strahlen die technische Möglichkeit, »dass diese Strahlenart in Verbindung mit entsprechend starken Elektronenröhren die Zerstörung des Atoms gestattet, zu welchem Zweck die Ur-Strahlen natürlich in Wirkungsverbindung mit sehr starken elektrischen Hochspannungen zu bringen sein werden, was letzten Endes aber heute keine sonderlichen Schwierigkeiten bietet, sondern lediglich eine Frage ingenieurtechnischer Konstruktion ist.«

Ganz anders wirken die *Reinstrahlen*. Als *Lebensstrahlen* können sie heilen, verjüngen, das Leben verlängern. Sie erweisen sich als vollkommen frei von allen schädigenden Reizstrahlungen, ermöglichen daher eine durchaus ungefährliche Bestrahlung ohne die üblichen unangenehmen Begleiterscheinungen. Therapeutisch mittels einer »Reinstrahlen-Apparatur« eingesetzt, regen sie die feinstoffliche zelluläre Tätigkeit an und bewirken eine vollkommene Erneuerung der menschlichen Zellen.

Weitere Forschungen von Frenzolf Schmid haben ergeben, dass die Quelle des Dreistrahlenbündels nicht die Sonne ist. Es ist die Ursubstanz des »Weltäthers«. Durch die schwingende Bewegung seiner Ätherpartikelchen werden die Strahlenbündel erzeugt, die dann in allen Himmelskörpern, auch in der Sonne, im Mond und in der Erde wie in allem Stofflichen induziert werden. Das betrifft ebenso die Menschen als stoffliche Wesen, bei denen das Strahlenbündel des Weltäthers in unterschiedlicher Stärke und Zusammensetzung aufgenommen und abgestrahlt wird, »am stärksten bei geistig Schaffenden, von ganz besonderer Stärke aber hochgeistig veranlagten Menschen, die das gehirnmäßige, vitale, animalische Denken durch ihre geistige Gedanklichkeit vollkommen beherrschen.« Nicht unwichtig für ihre Mitmenschen ist dabei, ob von diesen besonderen Menschen mehr heilende Rein-Strahlen oder mehr unheilvolle Ur-Strahlen abgegeben werden.

Die Städte der Roten Nacht

Zwei Wochen im Juni 1894 verbrachte Daniel Paul Schreber in der Heilanstalt Lindenhof. Die Sonne spielte verrückt (Sonnenfleckenmaximum). Er befand sich in einer »Teufelsküche«. Er spürte Todesstrahlen in seinen Körper eindringen. Seine gequälten Innereien drohten zu zerplatzen. Er fürchtete, ein organloser Körper zu werden. Aber dann durchströmten ihn wieder reine, segnende Lebensstrahlen, die in seinen Anus eindrangen und ihm Genuss verschafften. Er hatte Himmelsstrahlen im Arsch. Er vermutete, dass dieses doppelte Strahlenbündel von tödlicher Angst einerseits und sexueller Raserei andererseits vom Direktor der Klinik ausging, Dr. Pierson, mit dem er in Strahlenverkehr getreten war. Nach seiner Verlegung in die Landesheilanstalt Sonnenstein hat er ihn nicht wieder gesehen.

1981 kehrte Dr. Pierson wieder, als eine Hauptfigur in William S. Burroughs Roman *Die Städte der Roten Nacht*. Jetzt war er Klinikarzt und auf Strahlenforschung spezialisiert. »Dr. Pierson war ein diskreter Süchtiger, der sich auf drei Injektionen am Tag beschränkte. Ein halbes Gran pro Schuß – soviel konnte er jederzeit abzweigen, ohne daß es auffiel.« Er musste einen Jungen behandeln, der an Masern erkrankt zu sein schien. Als er das Laken, mit dem der Junge bedeckt war, zurückschlug, sah er, dass der Junge keine Unterhose trug und eine Erektion hatte. »Die Genitalien und die Haut ringsum waren stark gerötet, wie von einem Sonnenbrand. Der Arzt fuhr zurück, als sei er auf eine Klapperschlange getreten. Doch es war schon zu spät. Ein Samenspritzer traf genau die aufgeschürften Knöchel seiner rechten Hand. Mit einem angeekelten Ausruf wischte er sich die Hand ab. Später erinnerte er sich, daß er in diesem Augenblick ein leichtes Prickeln gespürt hatte, das er nicht weiter beachtete.« Zu Hause setzte er sich seinen Schuss. Kaum hatte er es sich auf dem Bett bequem gemacht, läutete das Telefon. Eine Epidemie schien um sich zu greifen. Für alle Ärzte wurde Notdienst angeordnet. Auch Dr. Pierson steckte sich an. Sein Gesicht überzog sich mit roten Flecken. Bis man ihm die Kleider herunterreißen konnte, war schon sein ganzer Körper befallen, und es kam zu spontanen Orgasmen.

»Dr. Pierson überstand die Krankheit dank seiner Drogensucht. Anschließend trat er in die Dienste einer staatlichen Forschungsanstalt und wurde mit der Leitung eines heiklen Projekts betraut.« Es handelte sich um eine Politik des Todes. In einer Konferenz berichtete Dr. Pierson über den Stand der Forschungen und seine Versuche mit dem Virus B-23: »Lassen Sie mich beginnen mit dem ersten Auftreten des Virus in den ›Städten der Roten Nacht‹. Der rote Schimmer, der den nördlichen Himmel bei Nacht überzog, war eine Art Strahlung, die eine Seuche hervorrief, das sogenannte Rote Fieber, als dessen ätiologisches Agens sich das Virus B-23 herausgestellt hat. Das Virus wirkte direkt auf die Nervenzentren ein und löste sexuelle Rasereien aus, die seine Übertragung erleichterten – genau wie tollwütige Hunde dazu getrieben werden, das Tollwut-Virus durch Bisse zu übertragen. Verschiedene sexuelle Opferriten wurden praktiziert – Orgasmus-Tod durch Erhängen und Strangulieren –, und es gelangten Drogen zur Anwendung, die zu erotischen Konvulsionen mit Todesfolge führten. Auch der Geschlechtsakt selbst führte häufig zum Tod, und dies galt als besonders günstige Bedingung für eine erfolgreiche Weitergabe der Virus-Mutationen.« Die Wissenschaftler standen vor einem Rätsel. Man wusste nur, dass die Viren durch Strahlung entstanden. Die Art der Strahlung, die von dem polarlichtartigen Schimmer am nördlichen Nachthimmel ausging, war jedoch unbekannt. Man vermutete, dass es sich um etwas Ähnliches handeln könnte wie die »Tödliche Orgonstrahlung« von Wilhelm Reich, die entstand, wenn man radioaktive Stoffe in Behälter aus organischem Material einbrachte, die mit Eisen ausgekleidet waren.

Aber vielleicht deuteten die Symptome des Virus B-23 (Fieber, Hautausschlag, hochgradig gesteigerter sexueller Genuss, leidenschaftliche Fixierung auf Sex und Tod) auch nur auf das hin, was allgemein gern als »Liebe« bezeichnet wird. Dann wäre es das »menschliche Virus«, das wir alle in uns tragen. Nur dass es aus einer mehr oder weniger gutartigen Koexistenz mit uns ausgebrochen war und eine bösartige Mutation vollzogen hatte. Eine bisher unbekannte Strahlung ließ es aktiv werden. Das Virus griff im Gehirn und im zentralen Nervensystem die Zentren von Lust und Angst an. Dadurch verwandelte sich Angst in sexuelle Raserei und diese wieder in Angst, wobei die wiederkehrende, sich steigernde Rückkoppelung meist den Tod zur Folge hatte.

Das verschollene Jahrtausend

Orientiert an Patenten und Vorträgen Nikola Teslas haben der Physiker Walt Richmond, ein Schüler Teslas, und seine Frau, die Anthropologin und Journalistin Leigh Richmond, 1967 *Lost Millennium* geschrieben, um vor den zerstörerischen Effekten eines Energiestrahls zu warnen, der sich der experimentellen Kontrolle entzieht und die Welt ins Chaos stürzen kann. Geschildert wird der Untergang der ursprünglichen Zivilisation Atalama (Atlantis) infolge eines missglückten Experiments des polaren Anzapfens der Sonnenenergie (»Solar-Abstich«). Jetzt ging es nicht mehr um eine einzelne Lawine aus Schnee und Eis, die Ralph 124 C 41 plus in Hugo Gernsbacks gleichnamigem Roman mit seinen hilfreichen Strahlen glücklicherweise zum Schmelzen bringen konnte, sondern um DIE LAWINE aus hochenergetischem Höllenfeuer, die den ganzen Planeten Erde zu vernichten drohte.

»Und der Energieschwall des Abstichs wurde zu einer Lawine. Eine Lawine am Pol, in der senkrechten Ebene des magnetischen Feldes des Planeten, wo die magnetischen Winde sich nicht erheben, um sie auszulöschen.

Eine Million Wattsekunden an Energie entließen im ersten Blitz ihre Gewalt am polaren Abstich, als die negative Ladung von Atalama mit der positiven Ladung ihrer Ionosphäre zusammenbrandete, um sich entlang des ionisierten Pfads des durch die Eruption verstärkten ionosphärischen Abstichstrahls zu treffen.

Aber gerade als er sich entlud, wurde die Ionosphäre vom solaren Feuer wieder aufgeladen. Der erste Blitz wurde zu einem mächtigen Donnern, das einen anwachsenden und jetzt konstanten Strom von mehr als 3 mal 10 hoch 20 Watt an Energie durch den jetzt stabilisierten Kurzschluss schickte.

Quadratkilocubit nach Quadratkilocubit von gefrorenem Ödland kochte. Kilowatt für Kilowatt von unendlich ansteigender Energie der Lawine erhellte die Polarkappe mit einem Leuchten, das noch niemals zuvor auf Atalama gesehen worden war.

Es war die LAWINE.

Eine Schockwelle, die mit Schallgeschwindigkeit raste, schien sich wie ein kleiner Rauchring von den polaren Trümmern auszubreiten. Aber sie hielt nicht an. Sie erreichte den Rand des Eises und schwappte weiter nach unten, durch die nördlichen Breiten, große Städte niederwerfend, und weiter nach unten hinweg über das Küstenland. Und immer noch verstärkte sich die Lawine.

Ihre furchtbare Gewalt sandte nun fingerartige Flüsse aus Feuer hinab durch die kontinentalen Falten, scheinbar den Kontinent selbst in Segmente einteilend, nachgezeichnet mit einem feurigen Messer.

In dem großen Ring der Schockwelle formten sich auftürmende Wolken aus dem Dampf der schmelzenden Polarkappe, die bereits die Details der feurigen Flüsse verdunkelten, die scheinbar den Kontinent teilten. Aber die Flüsse selbst wuchsen in ihrer Länge und erstreckten sich immer weiter nach Süden bis zu dem großen Ozean.

Der Globus war nun ein unkenntliches Schlachtfeld, glühend in seinem eigenen unheimlichen Licht, das sich um den kontinuierlichen Finger der brillanten Entladung am Pol herum erstreckte. Die Zahl der Tage aber hing davon ab, welchen Zeitmaßstab man akzeptierte. Denn nun hatte der Planet nicht mehr länger die langsame, majestätische Drehung, die einmal so stabil erschien wie die Ewigkeit selbst. Jetzt zerrte sie herum an ihrer Achse wie ein gefoltertes Ding, und brauchte nur noch ein Viertel ihrer früheren Zeit für den Umlauf von Tag und Nacht.

Das Leben auf dem Planeten war verschwunden.«

HAARP

HAARP, ein Akronym aus den Anfangsbuchstaben von »Highfrequency Active Auroral Research Project«, soll zur Erforschung der Ionosphäre dienen, jenem äußeren Bereich der Erdatmosphäre, in dem sich das ästhetisch erhabene Naturschauspiel des Nordlichts (Aurora Borealis) ereignet. Seit 1995 ist es in der Wildnis Alaskas, in der Nähe von Gakona Junction, in Betrieb. Aus einem Antennenensemble von 360 Masten zu je 24 Metern Höhe werden Strahlenbündel mit mehreren Milliarden Watt Stromstärke in die Ionosphäre gefeuert, wobei es sich, so lauten die offiziellen Bekanntmachungen, um eine rein atmosphärische Grundlagenforschung handeln soll. »NO HAARP«-Aktivisten dagegen befürchten, dass die hochfrequenten Strahlen die Ionosphäre punktieren könnten und dass durch die dabei entstandenen Löcher im Himmel tödliche kosmische Strahlung ungehindert zur Erde durchdringt.

Und wieder war es Nikola Tesla, der für ein Strahlen-Projekt die Stichworte und Ideen geliefert hat.

Es begann mit seinem Vortrag über »Versuche mit Wechselströmen hoher Frequenz und Spannung«, den Tesla am 3. Februar 1892, zur Zeit seiner größten Erfolge als moderner Prometheus der Elektrizität, vor der Institution of Electrical Engineers in London gehalten hat. Er ließ künstliche Blitze von den Terminals seiner Transformatoren zucken, die den Raum mit ihrem bläulichen Licht erfüllten. Er experimentierte mit Kugeln und Drähten, Birnen und Platten. Dann brachte er mit hohen Frequenzen und Stromspannungen zahlreiche Röhren, die mit Gasen oder normaler Luft gefüllt waren, zum Leuchten, wobei er sein Publikum darauf hinwies, dass solche Lichteffekte auch in der Natur zu beobachten seien. Am Himmel seien kosmische Energien allgegenwärtig, die für die

Menschheit eine ungeahnte Kraftquelle sein könnten, wenn es ihr gelinge, sie durch einen Abstich anzuzapfen.

In diesem Zusammenhang erwähnte Tesla zum ersten Mal das Nordlicht. »Ich hege keine Zweifel, dass, falls wie viele glauben die *Aurora borealis* durch plötzliche kosmische Störungen wie z. B. Sonneneruptionen erzeugt wird, welche die elektrostatische Ladung der Erde in sehr schnelle Schwingungen versetzen, das rote Glühen, das hierbei beobachtet wird, nicht auf die Stratosphäre der Erde beschränkt ist, sondern dass sich die Entladungen aufgrund ihrer hohen Frequenz auch auf dichtere Atmosphärenschichten fortpflanzen und sich dort als *Glühen* zeigen, wie wir es üblicherweise in schwach evakuierten Röhren erzeugen.« Und dann erzeugte Tesla in seinen Röhren wie ein Zauberer zahlreiche elektrische Entladungen, mit denen er die Farbspiele des Polarlichts entstehen ließ, büschelartig changierend zwischen den verschiedenen Spektralfarben, von Grün bis Violett.

Zwei Jahrzehnte später übertrug Tesla, was er 1892 im Kleinen demonstriert hatte, auf die Erdatmosphäre. Die bemerkenswerte elektrische Leitfähigkeit von Gasen oder Luft bei geringem Druck brachte ihn auf einen Gedanken, den er 1914 zum ersten Mal bekannt gab. Er schlug die Errichtung eines weltumspannenden Beleuchtungssystems vor, mit dem er die ganze Erde samt der sie umgebenden Atmosphäre dazu bringen wollte, sich wie seine Röhren zu verhalten. Er wollte das Phänomen des Nordlichts künstlich herstellen. Würde ein elektrischer Strom von der richtigen Beschaffenheit und ausreichender Energie durch die verdünnte Luft der äußeren atmosphärischen Schichten fließen, so müsste er sie zum Leuchten anregen. Die gesamte Erde würde sich in eine gigantische Lampe verwandeln. Der Nachthimmel wäre von Licht erfüllt.

In der *New York Times* vom 8. Dezember 1915 findet sich der erste Hinweis, dass Tesla tatsächlich an Sendeanlagen arbeitete, um sein Aurora-Projekt zu verwirklichen. Er reichte Patente für Apparaturen ein, die in der Lage sein sollten, elektrische Energie in jeder beliebigen Menge über jede beliebige Entfernung zu projizieren, was die *New York Times* mit dem Vergleich kommentiert: »Nikola Tesla, der Erfinder, hat sich für die wichtigsten Teile einer Maschine um Patente beworben, einer Maschine, deren Möglichkeiten die Vorstellungskraft eines Laien auf die Probe stellen und eine Parallele zu Thor versprechen, der seine Blitze vom Himmel herabschleuderte, um die zu bestrafen, die die Götter verärgert hatten.«

Und wiederum zwanzig Jahre später, in einer unveröffentlichten Aufzeichnung aus dem Jahr 1935, beschrieb Tesla eine »neue Technik, um eine konzentrierte, nichtstreuende Energie durch das natürliche Medium zu projizieren«, die als seine berühmt-berüchtigte Todesstrahlen-Erfindung gilt. Er will sie bereits 40 Jahre zuvor entwickelt haben, zu einer Zeit, als er seinen Radiosender gebaut hat, der 20 Millionen Volt Spannung erreichte und ihn darüber nachdenken ließ, »ob es möglich wäre, solche Hochspannungsströme durch einen dünnen Energiestrahl zu übertragen, der die Luft ionisieren und sie zu einem gewissen Grade leitend machen würde. Nach vorbereitenden Laboratoriumsexperimenten führte ich mit dem betreffenden Sender und einem energiereichen ultravioletten Strahl Tests im größeren Rahmen durch, und zwar in der Absicht, die Ströme in die höheren, verdünnten Luftschichten zu leiten und auf diese Weise Nordlichterscheinungen zu erzeugen, welche vor allem für die Beleuchtung der Ozeane in der Nacht hätten verwendet werden können.«

Daran hat 1985 der Erfinder Bernard J. Eastlund anschließen können, als er sein Verfahren zur Beeinflussung der Ionosphäre zum Patent anmeldete, das ihm unter der Nr. 4 686 605 am 11. August 1987 erteilt wurde. In seiner Patentschrift stellte er mehrere informationstechnologisch, meteorologisch und militärisch nützliche Anwendungen seiner Erfindung dar. Besonderen Wert legte er auf die Möglichkeit, »noch nie dagewesene Energiemengen beziehungsweise Leistungen an strategisch wichtigen Orten der Erdatmosphäre einzubringen.«

Sein Patent übertrug Eastlund der Tochterfirma APTI (ARCO Power Technologies Incorporated), die zum Mutterkonzern ARCO (Atlantic Richfield Oil Company) gehörte und mit der US Air Force die Arbeit an HAARP aufnahm.

Als Ort für die Realisierung des High-frequency Active Auroral Research Project wurde das ungenutzte Gebäude des Überhorizont-Radar-Backscanners bei Gakona, Alaska, gewählt. 1994 wurde APTI vom Rüstungskonzern E-SYSTEMS in Dallas, Texas, aufgekauft, und es begann die erste Bauphase von HAARP. Ein Jahr später wurde E-SYSTEMS vom RAYTHEON-Konzern, dem »Strahlengott« des militärisch-industriellen Komplexes, übernommen, der das HAARP-Projekt 1995 offiziell in Betrieb nahm, in Zusammenarbeit mit US Air Force, US Navy und mehreren amerikanischen Geheimdiensten.

Einige Meilen hinter Gakona, am Schild »11.3 Miles«, kann man vom Tok Cut Off, der am Rand des riesigen Wrangell-St.-Elias-Nationalparks durch dichte Fichtenwälder verläuft, in einen kleinen unmarkierten Fahrweg einbiegen. Er führt zu einem mit Stacheldraht gesicherten stabilen Zaun, der sich einige hundert Meter weit in geraden Linien nach rechts und links erstreckt. Er umschließt ein großräumiges militärisches Sperrgebiet, eine »verbotene Zone« gemäß Absatz 21 der Verordnung zur Inneren Sicherheit von 1950, USC 797. An dem verschlossenen, mit zahlreichen metallischen Spitzen gesicherten Tor ist ein Schild angebracht mit der Warnung: IT IS UNLAWFUL TO ENTER THIS AREA WITHOUT PERMISSION OF THE INSTALLATION COMMANDER.

NACHWEISE

Zu der im *Vorwort* zitierten Tesla-Laudatio von Bernard A. Behrend am 18. Mai 1917 vgl. Margaret Cheney (1995), S. 264–271; John O'Neill (1997), S. 292–294. Teslas eigene Rede vor dem Amerikanischen Institut der Elektroingenieure (AIEE) aus Anlass der Verleihung der Edison-Medaille findet sich in Nikola Tesla: *Seine Werke. Band 6*, S. 275–293; der Vortrag am 20. Mai 1891 (»Versuche mit Wechselströmen sehr hoher Frequenz«) in: *Seine Werke. Band 3*, S. 27–88; die Schlussbemerkung über freie kosmische Energiegewinnung: ebd., S. 88. Zu Teslas Selbstverständnis als »Automat« vgl. *Seine Werke. Band 2*, S. 19 und S. 91 f. Über »Junggesellenmaschinen« à la Tesla informieren Michel Carrouges (1954) sowie Jean Clair und Harald Szeemann (1975).

Kapitel 1 ist eine realistische *Skizze* des Lebens und Werks von Nikola Tesla, die sich vor allem auf die biografischen Arbeiten von Margaret Cheney (1995), Franz Ferzak (2017), David J. Kent (2015), Michael Krause (2010), John O'Neill (1997) und Marc J. Seifer (1996) stützt. Sie alle greifen wiederum zurück auf Teslas Autobiografie *My Inventions*, zuerst veröffentlicht im *Electrical Experimenter* von Hugo Gernsback, 1919. Dt. Übersetzung *Meine Erfindungen*, in: *Seine Werke. Band 2*, S. 9–103. – Das 2. Kapitel handelt von dem epochalen technischen *Geistesblitz* eines neuartigen Mehrphasenwechselstrom-Systems. Über seine Übungen zur Erzeugung geistiger Bilder informierte Tesla in seiner Autobiografie, in: *Seine Werke. Band 2*, S. 16. Über seine blitzartige Entdeckung des magnetischen Drehfeldes im Budapester Stadtpark, Februar 1882, berichtete Tesla in: *Seine Werke. Band 2*, S. 52 f. und *Seine Werke. Band 6*, S. 271 f. Zum gleichzeitigen Leiden Friedrich Nietzsches unter einer hochgradig gesteigerten atmosphärischen Elektrizität siehe Nietzsche: KGB III/1, S. 106–120. Zu seiner plötzlich über ihn kommenden Zarathustra-Vision des

»Übermenschen« als Verkünder des Blitzes vgl. Nietzsche: KGW V/2, S. 392; KGW VI/3, S. 333, und Manfred Geier (2013), S. 182–216. Zur Charakterisierung Teslas als »Übermensch« vgl. John O'Neill (1997), S. 303–343. Das Zitat Nietzsches über blitzartige Inspirationen findet sich in: KGW VI/3, S. 337. – Das 3. Kapitel ist ein genau recherchierter Tatsachenbericht über die mörderische Tat und die Elektrokution von William Kemmler am 6. August 1890, dramatisch nacherzählt als Horrorgeschichte. Vgl. Mark Essig (2003), Markus Hedrich (2006), Jürgen Martschukat (2002), *People of the State of New York* (1889). Teslas Kritik des elektrischen Stuhls (29.11.1929) in: *Seine Werke. Band 6*, S. 294. – Auf der Grundlage von Teslas *Aufzeichnungen* von Colorado Springs (2008), bes. S. 41–44, wird in Kapitel 4 aus Teslas imaginierter Perspektive von dem Experiment berichtet, das ihn am 4. Juli 1899 zur Vision eines drahtlosen »Welt-Systems« globaler Energie- und Informationsübertragung geführt hat. Vgl. auch seine Berichte in: *Seine Werke. Band 1*, S. 148 ff., und *Seine Werke. Band 4*, S. 148. – Orientiert an den »Akten des Obersten Gerichts über den Abbruch des Wardenclyffe-Turms« (Gerichtsurteil gegen Tesla am 20. April 1922), in: *Seine Werke. Band 1*, S. 199–224, und an Teslas Berichten über seine Selbstexperimente mit Wechselströmen hoher Frequenz und Spannung in: *Seine Werke. Band 5*, wird im 5. Kapitel eine denkbare psychiatrische Begutachtung rekonstruiert, die zu dem Urteil hätte führen können, dass Tesla wegen seiner Strahlenexperimente an Größenwahn und geistiger Zerrüttung (»Dementia spectralis«) leide. – Kapitel 6 ist eine subjektzentrierte Erzählung von Teslas letzten Tagen, die auf authentischen Berichten basiert und sie literarisch ausmalt. Zu Teslas Liebeserklärung an seine Taube vgl. John O'Neill (1997), S. 389 f. Zur Szene mit Kerrigan, Mark Twain betreffend, vgl. ebd., S. 336–338. – Fakten und Fiktionen, konzentriert auf Teslas waffentechnologische Einfälle, werden im 7. Kapitel in zwei plausiblen Gutachten zusammengeführt und erläutert, wobei das erste Gutachten von John G. Trump auf überlieferte Dokumentationen zurückgreift, während das zweite Geheimgutachten anhand von tatsächlichen Ereignissen und verlässlichen Informationen »verschwörungstheoretisch«

konstruiert, wie FBI und MIS (Military Intelligence Service) Teslas Erfindungen möglicherweise durch den Geheimagenten Kenneth M. Swezey hätten stehlen lassen können, um sie kriegstechnisch auszubauen und militärisch einzusetzen. Vgl. Tesla: *Seine Werke. Band 1*, S. 159 f.; Margaret Cheney (1995), Kapitel »Die verschwundenen Papiere«, S. 327–341; Marc J. Seifer (1996), Kapitel »The FBI and the Tesla Papers (1943–1957)«, S. 446–462. Zu Teslas Waffentechnologie und seinen »Todesstrahlen« (*death ray*) vgl. *Seine Werke. Band 6*. – Kapitel 8 ist ein literarischer Einfall à la Thomas Pynchon, der metafiktional auf Motive aus Teslas Leben und Werk zurückgreift und davon erzählt, wie Pynchons mögliches Ich-Double »Tommy Pinscher« den »Professor« trifft, dessen Vorbild zusammen mit Nikola Tesla in Pynchons Roman *Gegen den Tag* (2006) eine Rolle spielt. Vgl. ebd., S. 56, 148–151, 156–159, 489–492. Seit sich Pynchon 1962/63 als freier Schriftsteller zurückgezogen hat, sind seine Bücher die einzigen öffentlichen Spuren seiner Existenz. Er soll in Manhattan/New York leben und gern Bars besuchen.

In dem aus zehn Teilen bestehenden *Strahlen-Dossier: Von Nietzsche bis HAARP* sind verarbeitet und zitiert worden: 1. Friedrich Nietzsche: KGB III/1, S. 106–120; 2. Teslas Zitate zu seiner Automatentheorie in: *Seine Werke. Band 2*, S. 19, 91 f., 99; *Band 3*, S. 94 f.; *Band 6*, S. 63. Zum Phänomen der »Junggesellenmaschine«, durch das sich Künstler und Literaten zu Teslas Zeiten angeregt und herausgefordert fühlten, vgl. Michel Carrouges (1954) sowie Jean Clair und Harald Szeemann (1975); 3. Edward Bulwer-Lytton: *Vril oder eine Menschheit der Zukunft* (1958); Peter Bahn und Heiner Gehring: *Der VRIL-Mythos* (1997); Julian Strube: *VRIL* (2013); 4. Daniel Paul Schreber: *Denkwürdigkeiten eines Nervenkranken* (1973); 5. Hugo Gernsback: *RALPH 124 C 41 PLUS* (1973); 6. Reichsarbeitsgemeinschaft »Das kommende Deutschland«: *Weltdynamismus* (1930); 7. Frenzolf Schmid: *Die Ur-Strahlen* (1928); Frenzolf Schmid: *Die neue Strahlenlehre* (1929); 8. William S. Burroughs: *Die Städte der Roten Nacht* (1982), S. 33–44; 9. Walter und Leigh Richmond: *Das verschollene Jahrtausend* (1998), S. 116–118; 10. Teslas Vortrag in London, 3. Februar 1892, in dem er auf die Erzeugung des Nordlichts durch kosmische Störungen hinwies, in: *Seine Werke. Band 1*, S. 44; Bericht in der *New York Times*, 8. Dezember 1915, zit. in: Manning und Begich (1996), S. 55 f. Zu Teslas unveröffentlichter Aufzeichnung von 1935 über die technische Erzeugung von Nordlichterscheinungen vgl. *Seine Werke. Band* 6, S. 13. Über das HAARP-Projekt in Gakona/Alaska informieren Jeane Manning und Nick Begich: *Löcher im Himmel* (1996); Garry Vassilitos: *HAARP ist mehr* (1998).

QUELLEN UND LITERATUR ZUM TESLA-KOMPLEX

1. WERKE VON NIKOLA TESLA

Nikola Tesla: *Seine Werke*, sechs Bände, herausgegeben von Ulrich Heerd und Franz Ferzak, Peiting 1997.

Band 1: *Hochfrequenzexperimente*

Band 2: *Meine Erfindungen (Autobiographie). Das Problem der Steigerung der menschlichen Energie*

Band 3: *Wechselstrom- und Hochfrequenztechnologie*

Band 4: *Energieübertragung und Radiotechnik*

Band 5: *Wegbereiter der neuen Medizin*

Band 6: *Waffentechnologie*

Nikola Tesla: *Lectures, Patents, Articles*, herausgegeben vom Nikola Tesla Museum, Belgrad 1956.

Nikola Tesla: *Selected Patent Wrappes from the National Archives*, 4 Bde., herausgegeben von John T. Ratzlaff, Ventura, Cal. 1981.

Nikola Tesla: *Colorado Springs, Aufzeichnungen*, Peiting 2008.

Nikola Tesla: *Meine Erfindungen*, Hamburg 2017.

Nikola Tesla's Untersuchungen über Mehrphasenströme und über Wechselströme hoher Spannung und Frequenz, zusammengestellt von Thomas Commerford Martin, Halle a. S. 1895.

Nikola Teslas Vermächtnis. Mit der Tachyonen-Energie zum allgemeinen Wohlstand, Wiesbaden 1986.

Nikola Tesla. Bd. 1: *Das Genie unserer Zukunft. Freie Energie statt Blut und Öl*, Wiesbaden 1996.

Nikola Tesla. Bd. 2: *Erfinder ohne Nobelpreis*, Wiesbaden 1996.

Nikola Tesla. Seine Patente, Peiting 1998.

Nikola Tesla. Bildband, Peiting 2002.

Nikola Tesla. Der Erfinder des Radios, herausgegeben von Leland Anderson, Peiting 2004.

John T. Ratzlaff und Leland I. Anderson: *Dr. Nikola Tesla Bibliography*, Paloto, Cal. 1979.

John Ratzlaff (Hg.): *Tesla Said*, Ventura, Cal. 1984.

2. PUBLIKATIONEN ZUM TESLA-KOMPLEX

Almereyda, Michael: *Tesla* (Filmbiografie), USA 2020.

Bahn, Peter und Heiner Gehring: *Der VRIL-Mythos*, Düsseldorf 1997.

Bokšan, Slavko: *Nikola Tesla und sein Werk*, Wien u. a. 1932.

Bootle, Robin: *The Mysterious Mr. Tesla* (BBC-Dokumentarfilm), London 1982.

Brandon, Craig: *The Electric Chair*, Jefferson, London 1999.

Brinkmann, Reinhard: *TESLA Spent Beam Lines*, Hamburg/DESY 2001.

Bulwer-Lytton, Edward: *Vril oder Eine Menschheit der Zukunft*, Dornach 1958.

Burroughs, William S.: *Die Städte der Roten Nacht*, Frankfurt a. M. 1982.

Carlson, Bernard W.: *Tesla. The Inventor of the Electrical Age*, Princeton, NJ 2013.

Carrouges, Michel: *Les Machines Célibataires*, Paris 1954.

Cheney, Margaret: *Nikola Tesla. Erfinder, Magier, Prophet*, Düsseldorf 1995.

Clair, Jean und Harald Szeemann (Hg.): *Junggesellenmaschinen / Les Machines Célibataires*, Venedig 1975.

Deemer, Andy: *Stormglass. Das Tesla-Beben*, Hamburg 2016.

Echenoz, Jean: *Blitze*, Berlin 2012.

Engstfeld, Axel: *Mission X. Der Stromkrieg* (Dokumentarfilm), Deutschland 2004.

Essig, Mark: *Edison and the Electric Chair*, London 2003.

Ferzak, Franz: *Nikola Tesla*, München 1986.

Ferzak, Franz: *Nikola Tesla. Leben und Werk*, München 2017.

Geier, Manfred: *Geistesblitze*, Reinbek bei Hamburg 2013.

Gernsback, Hugo: *RALPH 124 C 41 PLUS*, München 1973.

Hedrich, Markus: *»Quicker Than a Thought.« Die Einführung des elektrischen Stuhls im US-Bundesstaat New York 1890*, Magisterarbeit, Universität Hamburg 2006.

Heerd, Ulrich (Hg.): *Das HAARP-Projekt*, Peiting 1998.

Higgins, Tim: *Powerplay. Tesla, Elon Musk und die Jahrhundertwette*, Kulmbach 2021.

Hunt, Inez und Wanetta W. Draper: *Lightning in His Hand. The Life Story of Nikola Tesla*, Hawthorne 1964.

Jarmusch, Jim: »Jack Shows Meg His Tesla Coil«, in: *Coffee and Cigarettes* (Episodenfilm), USA 2003.

Jonnes, Jill: *Empires of Light. Edison, Tesla, and the Race to Electrify the World*, New York 2003.

Kent, David J.: *Der Zauberer der Elektrizität. Nikola Tesla. Leben, Drama und Mysterium um diese romantische Figur*, Kerkdriel 2015.

Krause, Michael: *All About Tesla: The Research* (Dokumentarfilm), Deutschland 2007.

Krause, Michael: *Wie Nikola Tesla das 20. Jahrhundert erfand*, Weinheim 2010.

Lutzmann, Reinhold: *Energiequelle Tesla. Biographischer Roman*, Marktoberdorf 2003.

Manning, Jeane und Nick Begich: *Löcher im Himmel. Der geheime Ökokrieg mit dem Ionosphärenheizer HAARP*, Frankfurt a. M. 1996.

Martschukat, Jürgen: »The Art of Killing by Electricity«, in: *Journal of American History* 89.3 (2002), S. 900–921.

Miller, Maureen: *Nikola Tesla. Life and Times of a Forgotten Genius* (Dokumentarfilm), USA 2006.

Moran, Richard: *Executioner's Current*, New York 2002.

Nietzsche, Friedrich: *Briefwechsel*. Kritische Gesamtausgabe (KGB), Berlin/New York 1975 ff.

Nietzsche, Friedrich: *Werke*. Kritische Gesamtausgabe (KGW), Berlin/New York 1967 ff.

Nolan, Christopher: *Prestige. Die Meister der Magie* (Spielfilm), USA 2006.

O'Neill, John: *Tesla. Die Biographie des genialen Erfinders Nikola Tesla aus der Sicht eines Zeitgenossen*, Frankfurt a. M. 1997.

O'Neill, John Johnston (Hg.): *Nikola Tesla. Das verlorene Genie. Das außergewöhnliche Leben des Nikola Tesla*, New York u. a. 2015.

Papić, Krsto: *Das Geheimnis des Nikola Tesla* (Spielfilm), Kanada 1980.

Pynchon, Thomas: *Gegen den Tag*, Reinbek bei Hamburg 2006.
Reichsarbeitsgemeinschaft »Das kommende Deutschland« (Hg.): *Weltdynamismus*, Berlin 1930.
Richmond, Walter und Leigh: *Das verschollene Jahrtausend*, Peiting 1998.
Schmid, Frenzolf: *Die Ur-Strahlen*, München 1928.
Schmid, Frenzolf: *Die neue Strahlenlehre*, Halle u. a. 1929.
Schreber, Daniel Paul: *Denkwürdigkeiten eines Nervenkranken* (Bürgerliche Wahnwelt um Neunzehnhundert), Frankfurt a. M. 1973.
Seifer, Marc J.: *Wizard. The Life and Times of Nikola Tesla*, Secaucus, NJ 1996.
Seifer, Marc J.: *Tesla. Wizard at War. The Genius, the Particle Beam Weapon, and the Pursuit of Power*, New York 2022.
Shusterman, Neal und Eric Elfman: *Teslas unvorstellbar geniales und verblüffend katastrophales Vermächtnis*, Hamburg 2017.
Shusterman, Neal und Eric Elfman: *Teslas irrsinnig böse und atemberaubend revolutionäre Verschwörung*, Hamburg 2018.
Storm, Margaret: *Return of the Dove*, Baltimore 1956.
Strube, Julian: *VRIL. Eine okkulte Urkraft in Theosophie und esoterischem Neonazismus*, München 2013.
The People of the State of New York, ex. rel. William Kemmler Against Charles F. Durston, as Warden of the State Prison at Auburn, N.Y., 2 Bde., Buffalo 1889.
Twain, Mark: »Ein Yankee aus Connecticut an König Artus' Hof«, in: ders., *Werke in zwei Bänden*, Bd. 2, München 1971, S. 5–301.
Uth, Robert und Phylis Geller: *Tesla. Master of Lightning* (Dokumentarfilm), USA 2000.
Vassilatos, Garry: *HAARP ist mehr*, Peiting 1998.
Wahl, Günter: *Experimente mit Tesla-Energie*, Poing 2002.
Wahl, Günter: *Handbuch Tesla-Experiment*, Poing 2009.
Walter, Helen B.: *Nikola Tesla. Giant of Electricity*, New York 1961.

INHALT

Erste Auflage Berlin 2023

Großbeerenstraße 57A | 10965 Berlin
info@matthes-seitz-berlin.de

Umschlaggestaltung: Dirk Lebahn, Berlin
Layout und Satz: Monika Grucza-Nápoles, Berlin
Druck und Bindung: Pustet, Regensburg
ISBN 978-3-7518-0390-8

www.matthes-seitz-berlin.de